1503

# 星空を歩く

## ——巨大望遠鏡が見た宇宙

すばる望遠鏡が撮影したオリオン大星雲（M42）

(上)りゅうこつ座の複合領域NGC3603。ここでは真ん中で、若い星が集団で生まれている（VLT/ESO）
(下)ケンタウルス座の電波銀河。激しい衝突で強い電波が放射されていると思われている（VLT/ESO）

(上)おうし座にある散開星団・すばる（国立天文台）
(下)日本海に沈む太陽の連続写真。見事なグリーンフラッシュが現れている（山形県酒田市・加藤知能氏撮影）

(上)ヘール・ボップ彗星の尾の中に見られる筋状構造
(下)ヘルクレス座の球状星団M13
(右)はくちょう座のアルビレオ（以上３点、国立天文台）

# 星空を歩く——巨大望遠鏡が見た宇宙

渡部潤一

講談社現代新書

目次

# 第2章　春から初夏の星空

## 第4章　秋から初冬の星空

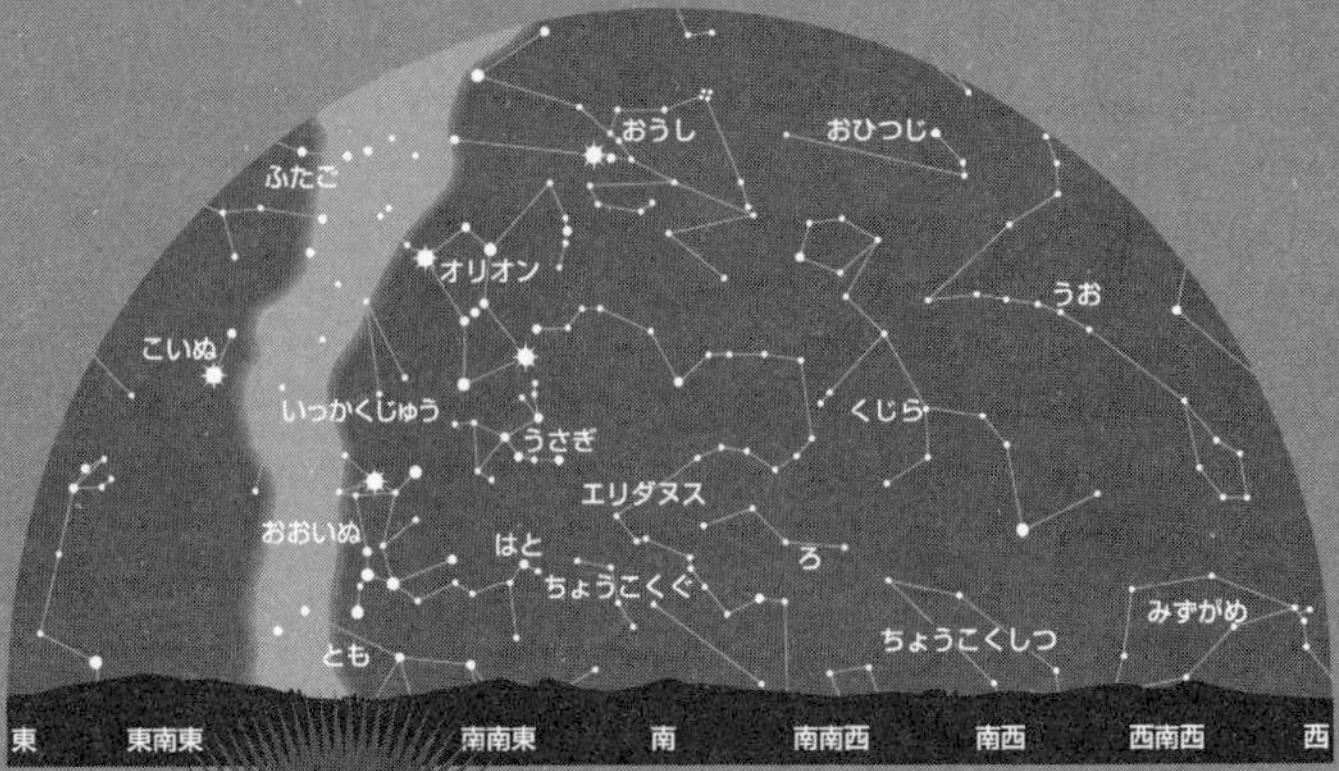

●一月二日 二十二時の星空

第1章

# 冬から早春の星空

# 1月——冬空に輝く若き星たち

## 冬空に輝く星の一生

　東京からほど近い山梨県甲府市に湯村という温泉街がある。かつては文人も通ったという温泉へ、ちょっとぜいたくに家族で1泊旅行したときのことだ。ちょうど小学生になる娘といっしょに旅館の露天風呂に入ると、湯気の向こうに冬の星々がたくさん輝いていた。オリオン座の三つ星の下、ちょうど勇者オリオンのおへそあたりには、ぼやーっとオリオン大星雲(1ページ口絵参照)も見えている。娘は見える星の数を数えだした。幸い、あまり他のお客さんもおらず、私も得意になって娘に星空講義を始めた。

「ほら、オリオン座の真ん中に雲みたいのが見えるだろ。あれがオリオン大星雲といって、あの中では星の赤ちゃんがたくさん生まれているんだよ」

　すると、娘は、

「ふーん。じゃあ、その星の赤ちゃんが大人になったらどうなるの?」

　お、なかなかいい質問じゃないか。そんな親ばかなことを思いながら、あたりを見回すと、オリオン座の右上にややオレンジ色がかった明るい星が目に入った。星占いでも有名な星座・おうし座の1等星アルデバランである。その色から、牛の赤い目に見立てられている星である。アルデバランを頂点にして、やや暗い星がいくつか並んでV字型をつくっており、それがオリオンに向かっていく牛の顔とされている。

「ほら、あそこに見えるオレンジ色の星のまわりにV字型の星の並びが見えるだろ。あの星たちは、みな兄弟なんだよ。オリオン大星雲の中で生まれている星の赤ちゃんたちは、やがて独り立ちして、まわりに着ている産着の雲を脱いでしまう。大人になるんだね。そうすると星の光は、雲にじゃまされずにそのまま地球へ届くようになる。そうなると、あのV字型の星たちのように兄弟星の集団として見えるんだ。こういった兄弟星たちを星団というんだよ」

このV字型の星の集団は、ヒアデス星団と呼ばれている。だが、集団というにしてはちょっと迫力がない。地球に近すぎて、星の集まり具合がまばらに見えてしまっているからだ。そこで、もうちょっと遠くて、コンパクトにまとまって見える生まれたての星団を指さした。ヒアデス星団のさらに右上で、こちゃこちゃと暗い星が集まっているので、すぐにわかる。同じおうし座にある「すばる」である(3ページ口絵参照)。冬の星たちの中でも、双眼鏡6〜7個の明るい星が集まった姿はいやでも目につく。肉眼で見てもきれいだが、双眼鏡を向けたときの感激は他の星団では味わえないほど美しいものだ。といっても、露天風呂に双眼鏡を持ち込むわけにはいかないが。

すばるやヒアデス星団のように、星が比較的まばらに集まったものを天文学では散開星団と呼んでいる。青白く若い星の集まりで、自分を生み出してくれた母親であるガスの星雲を自らの光で吹き飛ばし、やっと独り立ちした兄弟星たちである。すばるの地球からの距離は約400光年、その年齢は5000万年程度で、散開星団の中でもかなり若い。5000万年といえば、人間の一生からすると途方もなく長い気がするが、10億年の寿命を持つ星にとっては、せいぜい5~6歳の幼児たちといえるだろう。すばるに属する明るい星は6~7個だが、暗い星まで含めると100個以上を数えることができる。ずいぶんにぎやかな、まるで幼稚園のような星の集団である。人間社会でも若いことを「青い」という表現を使うが、すばるも星としては、まだ「青い」のである。

すばるという名称は、ちょっとハイカラな語感なので、欧米の言葉と思われがちだが、実はれっきとした日本語である。星がこちゃこちゃと集まっていることから、「すまる」という「すぼまる、あつまる」という意味の言葉が語源といわれている。実際、九州や瀬戸内地方では「すまる」といういいかたをするところもある。枕草子二三五段にも「星はすばる。彦星」と謳《うた》われ、星の中では最も美しいものとして取り上げられている。現代では、大手自動車メーカーの商標にもなり、歌手の谷村新司が「昴《すばる》」という歌を歌っている。国立天文台がハワイ島のマウナケア山頂に建設した世界最大級の口径8・2m反射望遠鏡のニックネームを公募したところ、最終的には圧倒的な人気を誇る「すばる」に決まった。すばるの西洋名はプレアデス星団といい、ギリシア神話では仲良しの姉妹に見立てられているが、現代天文学が解明したこれらの星の生い立ちと一致しているのはおもしろい偶然である。

ところで、すばるのような兄弟星たちは、いつまでもいっしょにいられるわけではない。人間でも次第に兄弟がバラバラに生活するようになり、それぞれの家庭をつくっていくのと同様に、いっしょに生まれた兄弟星たちが集団で暮らすのは長くてもせいぜい数億年程度。人間にとってみると途方もない年月をかけて、銀河系という星の社会を何度もめぐっているうち、一人去り、二人去りして、やがては兄弟たちはちりぢりばらばらになってしまう。そうして、そのときが星としては本当の意味の独り立ちしたときになるのである。すばるも、あと数千万年から数億年の間には、それぞれがばらばらになって、太陽のように単独の星として輝くようになるはずだ。

冬の露天風呂の湯煙を通して、たくさんの星が輝いている。その中にも、おそらく、われわれの太陽といっしょに生まれた兄弟星たちが、どこかに輝いているにちがいない。しかし、46億年という歳月が経過した今となっては、もはやそれを知るすべはない。

娘にそんな説明をしながら、大人になっていく星たちと、やがてはやはり独り立ちして自分のもとを離れていくであろう自分の娘とを重ね合わせた真冬の温泉旅行であった。

## 北斗七星の上るころ

冬のオリオン座などと同様に、ほとんどの人が知っている星の並びとして、しばしば北斗七星が挙げられる。北斗七星は、西洋では、まわりの暗い星をさらにまとめて、おおぐま座という星座にされているが、七つの星の並びのまとまりがいいので、北斗七星のほうが断然有名である。なにしろ、日本では小学校の教科書に出てきて、北極星を探す目印として習うのだから知らないはずはない。おそらく、星の並びの知名度としては一、二を争うのではないかと思う。

だが、この北斗七星は知名度に比例して抜群の人気を誇るかというと、そうでもない。北極星を探す目印として教えられるカシオペア座もそうである。どちらもJRの寝台列車の名前には採用されているものの、日本の天文ファンにはそれほど愛されているわけではない。その理由は、両者とも明るい星はせいぜい2等星どまりで、星の配列としては確かに目立つものの、オリオン座のように強烈な印象を与えにくいことにあるのかもしれない。もちろん、教科書で強制的に教えられる弊害もあるのかもしれないが、なんといっても最大の理由は、両者とも北の空にあるために、かなり長い期間にわたって見え続けていることが挙げられるのではないだろうか。

あたりまえのことではあるが、日本のような北半球の中緯度では、北の空の星座で、北極星に近ければ近いものほど、夜空での滞空時間が長くなる。星たちは北極星の近くにある天の北極を中心にして一日にほぼ1回転する。したがって北極星に近い星は、その位置を変えることはあっても、ほぼ一晩中見えている。こういった星は北の地平線に近づくことはあっても、沈むことはない。このような星を周極星と呼ぶ。東京でも、ぎりぎりカシオペア座の星はすべて周極星である。北斗七星の一部は周極星ではないが、それでも相当に長い時間地平線上にあるので、夜空を探せばほとんどいつでも見ることができるわけだ。ということは、季節を問わず、時間さえ工夫すれば見えるということになる。

たとえば、午後8時に北斗七星を探してみる。1月1日には北東の空に上りつつある姿を見ることができる。3月には同時刻には完全に高く上っていて、これ以降8月ごろまでは、北の空に簡単に探し出せる。午後8時に見にくくなるのは、北西に沈み始める10月ごろから12月までの3ヵ月しかない。じつに9ヵ月近く、北斗七星は見られるのである。しかも、10月から12月の3ヵ月にしても明け方には北東の空に高く上っているので、原理的に北斗七星をまったく見ることができないという季節はない。

一方、赤道上の人気星座・オリオン座はどうだろうか。オリオン座が午後8時に見える時期は、12月はじめから4月末までのせいぜい半年に満たない。また、5月から8月までの4ヵ月近くは、ほとんど地平線に顔を出すことはない。見たいと願っても、どんな時刻であろうが見えないのである。もっと南の星々になるとさらに状況は深刻で、1シーズンの間に一度も見なかった、などということがしばしば起きる。

星の配列が、いつでも見られるところに見えていれば、見たいと思う欲求が薄れるのは当然で、これが北斗七星の人気が意外にない理由であろう。

ただ、長期間見えることが逆に北斗七星に季節ごとの味をつけているともいえる。北斗七星の姿は上ってくるとき、真上にあるとき、沈むとき、とそれぞれ表情がまるで違うように感じられるのである。冬の深夜に上ってくるときの寒々とした雄大さ、春先のぼんやりとした空の中でこぢんまりと、空高いところで光るのんびりとした雰囲気、そして夏を迎えて、役目を終えたように北西の地平線に下りていく姿。なかでも、人々の心をとらえたのは寒風吹きすさぶ真冬の深夜にひしゃくの柄の部分をまっすぐにたてながら上ってくるときの雄々しい姿である。大正から昭和にかけて活躍した俳人の山口誓子の歌に、「夜を帰る枯野や北斗鉾《ほこ》立ちに」という一句があるが、まさに北斗七星の姿をいい得ていて、この句を知ったときに思わず拍手してしまったほどだ。

筆者の場合、この時期の北斗七星には、じつに鮮烈な思い出がある。ある寒い日のこと、それまで元気だった父が突然倒れた。職場に連絡が入ったのは午後3時すぎで、それから兄弟への連絡やら、帰郷の準備やらで出発は5時ごろになってしまった。正月に会ったときにはいっしょにスキーをしたほどで、倒れるなどとはまったく予想していなかった。当時、電話は病院からだったらしく、要領を得なかった母の話に一縷《いちる》の望みをもって車を飛ばした。ちょうど1月下旬のことで、おりからの西高東低の冬型の気圧配置のために、関東平野は雲一つなかった。深夜の東北自動車道を北上していき、栃木県に入るころになると星もよく見えてきた。そして、北上するわれわれの行く手には、フロントガラス越しに上りつつある北斗七星が雄々しく輝いていたのである。まさに鉾立ちの形で、まだ地平線から上ったばかりだったせいもあって、じつに大きく堂々と見えたものだった。その北斗七星を見ながら、はたして、自分は父に孝行したのだろうか、父は幸せだったのだろうか、あるいは何かいい残したことはなかっただろうか、とさまざまな想いが交錯したことを覚えている。

故郷に近づくにつれ、北斗七星は雪雲の向こうに隠れてしまい、福島県の郡山からできたばかりの磐越自動車道に入るころには猛吹雪となり、パーキングエリアでなれない手つきでチェーンをはめるのに苦労したものだった。それまで望みを持っていたので、家に電話も入れず、まっすぐに病院に行った。いま思えば、電話するのが怖かったのかもしれない。病院でもう遺体が実家へ戻っていると聞き、実家へ向かう車の中で、それまでこらえていた家内が泣き出してしまった。会津の夜空は、相変わらず雪雲におおわれていた。

あれから、もう7年が経とうとしているが、寒空に上ってくる北斗七星を見ると、あの夜のことを思い出すのである。

## 幻のグリーン・フラッシュ

国立天文台の天文情報公開センターという組織には、筆者が勤める広報普及室というセクションがあり、ホームページの運営管理やテレフォンサービス、FAXサービスなどのさまざまな情報提供を行っている。なかでも一般向けに開設している質問電話には1年間に1万件を超える問い合わせがある。意外かもしれないが、天文学の最新情報よりも、日の出・日の入りなどの時刻や暦についての質問が多い。屋外行事の予定を組むために、あるいは夕日や朝日を利用した写真を撮るための問い合わせ、さらにはなんらかの事件に絡んでの警察や裁判所等からの公文書での依頼などもある。

なかでも、例年、師走《しわす》の声を聞くと格段に多くなるのが、初日の出に関しての問い合わせである。広報普及室では、問い合わせの多い富士山頂や各地の名所での初日の出の時刻をあらかじめ計算し、表を作成して質問に備えているが、時には全国60ヵ所の時刻が知りたいなどといったややすぎた要求もあって、そのたびに計算するのに四苦八苦している。逆にいえば、初日の出を拝む習慣が、初詣《はつもう》でなどとともに個々人の宗教にあまり関わりなく、日本人に広く受け入れられているということなのかもしれない。

ちなみに、日の出は日本では北海道が最も早いと思いがちであるが、初日の出はそうではない。冬になると太陽は東南東の方角から上ってくるために、経度が東であるよりも、東南東に突き出したところのほうが早くなるのである。したがって、日本で最も早く初日の出が見られるのは無人島を含めると南鳥島(5時27分)、人が住んでいるところでは小笠原諸島(母島6時19分)、本州では日本最高峰の富士山頂(6時42分)、本州の海岸線(平地)に限れば、千葉の犬吠埼(6時46分)となる。また、いちばん遅いのは与那国島(7時32分、数値はいずれも2000年の場合)である。これらの時刻は、1分ほどずれることはあるものの、毎年、大きな差は生じない。

世界的にどこが最初に新年の初日の出が見られる場所かといわれると、これは答えに困ってしまう。原理的には日付変更線に最も近い西側の場所で、しかも1月なので南半球が夏にあたるため、陸地では南極を除けばトンガ、フィジーやニュージーランドが世界でいちばん早い初日の出を迎えることになる。

ところが、もともとは日付変更線も人間の定義したものである。最近では、太平洋の多くの島々が独立国家となり、100年も前に定義された日付変更線は、キリバス、ツバル、西サモア、トンガ諸国の領域を通過している。特にキリバスは日付変更線の両側にわたって島々が分散している。筆者が聞くところでは、一つの国家で二つの日付があるという状態はあまりに不便なので、キリバスの日付変更線の東側の島々の日付を、全部西側の日付に合わせてしまったという。これは実質的に日付変更線を変えたことを意味する。これによって、ニュージーランドよりもキリバスに属する西経150度のカロリン島(ミレニアム島)が、南極を除けば、世界中で最も早く初日の出を拝める島となってしまった。

ところで、たいへんまれではあるが日の出や日の入り時に、赤く染まった太陽の上の縁が緑色に輝くことがある。輝く時間は非常に短く、わずか1秒にも満たないことが多い。ただ、一度に何回も見えることもあるらしい。この緑の輝きはグリーン・フラッシュ(緑《りょく》閃光《せんこう》)と呼ばれ、幻の現象とされて、天文ファンの間でも憧れの的になっている(3ページ口絵参照)。グリーン・フラッシュの原因は大気のいたずらである。水平方向に層状となった大気中で、地上付近の上冷下暖の空気層を光が通るときにできる蜃気楼《しんきろう》現象であるらしい。短い波長の光は大気の塵や水蒸気に吸収され、赤みを帯びた太陽光で残っている波長の長い光は緑色だけである。したがって、完全に見えなくなる直前にその上縁に緑色だけが選択的に残される。

筆者は一度だけ、ハワイの大海原の上で、このグリーン・フラッシュを目撃したことがあるが、それ以来まだ再会をはたしていない。毎日のように日の出や日の入りを拝む人でも、ほとんど見たことがないという珍しい現象である。また、太陽が完全に沈む前でも、その上縁が緑色に見えることがあるが、こちらは太陽の光がじゃまになってしまい、さらに珍しい現象で、筆者もまだ目撃したことがない。いずれお目にかかりたいものである。

## 2月——南極老人星・カノープスと天狼星・シリウス

### 地平線ぎりぎりに輝く南極老人星

真冬になると、多くの天文ファンが南の地平線に目を凝らすようになる。日本の天文ファンにとっては人気、知名度ともにトップクラスの星・カノープスが輝いているかもしれないと期待するからだ。

カノープスは、りゅうこつ座という聞き慣れない星座に属する恒星の中では、明るい星である。地球からの距離は80光年で、やや青白い色をしている。そのマイナス0・7等の輝きは、全天で最も明るいおおいぬ座の1等星・シリウスに次ぐ、堂々2番目の明るさだ。

だが、日本でのカノープスの人気の原因は、その明るさや色にあるのではない。この星が南天の低いところに位置していて、ちょうど日本から見られるかどうか、限界ぎりぎりだからである。そのため、地平線から高く上ることがなく、東京あたりでは高度が最大でも約2度にしかならない。すなわち満月の4個分の高さまでしか上らないのである。これだと、見えたと思うまもなく、すぐにまた沈んでしまうことになる。地平線までよく晴れた夜であっても、ほんの少しタイミングを間違えると、つい見逃してしまう。

カノープスを眺めるためには、最も高く上る南中時刻、地平線までよく晴れあがって透明度がいいという天候、それに南の地平線をさえぎるものがない開けた視界、という三つの条件が整う必要がある。うかうかしていると結局、1シーズン一度も見なかったなどということが起こる。ともかく、それほど日本からは見るのが難しい星である。

しかし人間とは奇妙なもので、このように見えるか見えないかぎりぎりのものに対しては、限りなくロマンを感じる。見えないとなると、かえってとても見たくなるから不思議だ。カノープスは、こういった困難さゆえ、逆に天文ファンの人気を得る理由になっているわけである。

ところで、緯度の高い福島県以北では、山頂などの特殊な場所をのぞけば、原理的にカノープスは地平線下となり、見ることはできない。筆者の出身地である福島県の会津は、計算上はカノープスが地平線上にくる緯度なのだが、いかんせんまわりをぐるりと山に囲まれた盆地であるために見ることはできなかった。そのため、高校を卒業してから、星仲間といっしょに房総半島へカノープスを求めて旅行したほどである。残念ながら、そのときも天候に恵まれず、目的は達成できなかったが、それほど憧れの星だったわけである。

同じような気持ちを持つ天文ファンはたくさんいる。1970年代に福島県内の星仲間にカノープスの観測北限記録を達成した人たちが現れた。福島県中部で、南の地平線が開けている適当な場所を探して、そこからカノープスの写真撮影に成功したのである。さすがに富士山の遠望記録のように新聞には取り上げられなかったものの、天文雑誌には大々的に掲載された。これに刺激されて、山形や宮城の天文グループが北限記録を塗り替えようと挑戦を始めた。同じ緯度でも高い山に登ればそれだけ地平線が低くなることを利用するのである。やがて、吾妻山や蔵王山などから「見えた」という証拠写真と遠征報告が続々と天文雑誌に掲載されるようになった。現在では、その北限は山形の月山とされている。

しかし、カノープスが見える時期は真冬であり、これらの挑戦は星を見るためとはいっても、完全な冬山登山となる。登山道のアプローチが長い東北の山々のこと、しかも厳冬期である。いわば命を懸けて挑戦したといっても過言ではないが、こんなところにも見えない星への強い憧れがにじみ出ている。

こんな星であるがゆえか、カノープスには昔からいろいろないいつたえも残されている。見えることがまれなために、この星が見えるといいことが起きるという類の話が多い。これにはカノープスの色も関係しているのかもしれない。というのも、カノープスはもともと青い星なのだが、地平線ぎりぎりで見ることになるために、夕日と同じ原理で非常に赤く見えるのである。とりわけ中国では赤はおめでたい色であり、この星にちなんだユーモラスな次のような話も残されている。

宋の都である長安にどこからともなく古めかしい姿に長い杖をついた一人の老人が現れた。その老人は1羽の鶴をつれて町中を歩き、酒屋を見つけては、そこでがぶがぶとお酒を飲み干した。そのせいで、町中の酒屋から酒がなくなり、評判になった。噂を聞いた仁宗皇帝は、老人を宮殿に呼びつけると、酒一石（180ℓ）を賜《たまわ》った。老人は黙って飲み始めたが、ちょうど七斗（一石の七分目）で、「今日はこのくらいにしておくか」といって飲むのをやめたという。呆れはてている皇帝や家臣たちをよそにどこへともなく立ち去った。

その翌日、天文現象を監視している役人にあたる天文博士が、皇帝に「ここしばらく、南極老人星が姿を見せていませんでしたが、昨夜から再び少し赤い色になって現れました」

と報告した。つまり、あの老人は南極老人星の化身だったのである。

ここでいう南極老人星とは、すなわちカノープスの中国名である。南の空に現れる赤い星ということで、おめでたい長寿の星という意味でつけられたもので、「南極寿星」とも呼ばれた。茫漠たる中国大陸の地平線かなたに輝くカノープスはさぞや珍重されたのであろう。かなり古くから、天下国家の安泰をもたらす吉祥《きっしょう》とされ、周の時代から寿星祠や寿星壇が設けられていたようである。これが日本にも伝わり、平安時代には「老人星祭」が行われた記録がある。七福神の寿老人は、まさにこのカノープスの具現化であり、現代でも一見すると命が何日か延びるといわれ、長寿を授ける星といわれている。

## カノープスの和名

もちろん、おめでたい星としての伝説だけではない。房総半島の漁師の間では、カノープスは「布良《めら》星」とか「源助星」といって暴風雨の前兆とされている。布良というのは房総半島先端にある港町で、ある集落から見て布良の上に輝くためにつけられた名前のようなのだが、この港から出た漁師が大量に遭難した事件も背景にはあるようで、そのときに死んだ漁師たちの魂がカノープスとなって海上に現れる、ともいわれている。

「源助星」「源五郎星」などと呼ぶ奈良、大和地方でも同様にカノープスを悪天候の前兆としている。名前の由来は不明だが、源助星の名は天理教の教義にも現れている。

筆者は個人的に「横着星《おうちゃくぼし》」という和名が好きである。カノープスは高度が低いまま、地平線をはうようにして、すぐに沈んでしまうが、その動きがあまり働かないなまけものに見えるために命名されたもので、瀬戸内地方に多い。見える方向の地名を冠して、岡山では「讃岐《さぬき》の横着星」、尾道では「伊予の横着星」と呼んでいる。小豆島では「無精星」、淡路島では「道楽星」、丹後地方では南の山の端に現れるという意味で「やばた(山の端)星」、徳島では「にじり星」といっていた。これらの和名はいずれも、当時の人がカノープスの動きをしっかり観察していた証拠でもある。福岡のアマチュア天文家である白石茂孝氏は、地平線に対してカノープスが描く軌跡を「カノープス・アーチ」と呼び、出現から没するまでを長い間写真に撮ろうと追い続けているが、その写真でのカノープスのアーチはじつに横着あるいはにじりという言葉がぴったりである。

長野県の木崎湖や四国の佐田岬では「竜灯伝説」というのが残っている。10月から2月にかけて南の地平線に竜燈が現れるというものだが、時期やその様子から、これもカノープスに由来しているようである。よく晴れた真冬の深夜、カノープスの輝きが湖上に映り、それが湖を渡っていく竜の目のように見える。そんなことが実際に起きるのだろうか、と私の同僚であるF氏は地元が大町市だったので、仲間とともに2泊3日をかけて木崎湖ま

カノープスの描く軌跡、通称「カノープス・アーチ」
(白石茂孝氏撮影、福岡)

で遠征して、確かめに行ったが、天候が悪くて確認できなかった。だが、カノープスファンならぜひ一度は見てみたい星景である。

読者のみなさんも福島県以南にお住まいなら、一つ長寿を願って、挑戦してみてはどうだろうか。よく晴れた夜に、南の地平線までよく見渡せる場所で、おおいぬ座の1等星シリウスが真南にくる20分ほど前に、そのやや右下の真南の地平線あたりを探してみると、運がよければ見つかるはずである。

まず中空にかかるオリオン座を見つけ、全天一明るい恒星シリウスの南東にあるおおいぬ座の後ろ足の三角形を探す。この三角形の角度を3等分する2本の分線を頭で描き、その西側の線を延長すると、カノープスにたどりつくはずだ。

カノープスの探し方

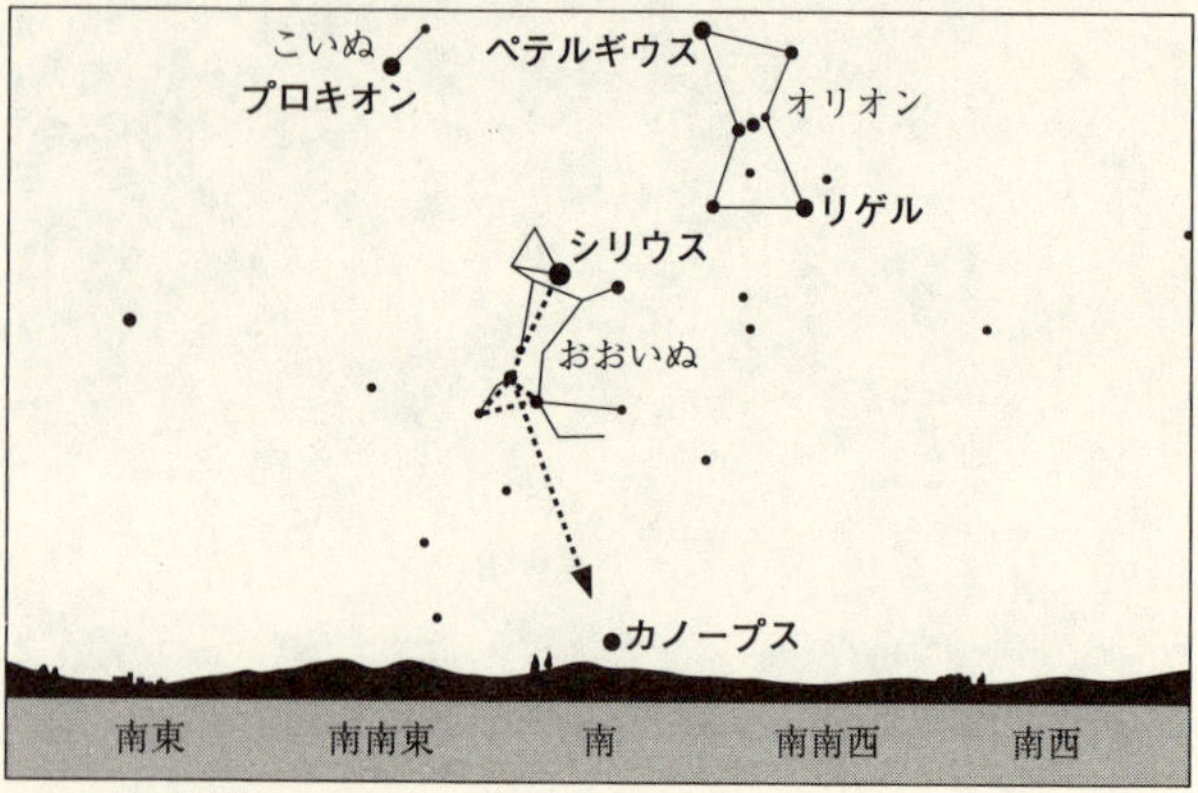


2月15日午後8時30分ごろ（東京）のカノープス

ところで、カノープスを眺めているのは天文ファンだけではない。現在、太陽系の中で飛行を続ける惑星探査機は、このカノープスを目印にしている。というのは、カノープスが明るいばかりではなく、惑星がある黄道面に対して、ほぼ直角方向、すなわち極方向にあるために、宇宙航法上でよい目印になるからである。西洋名カノープスは、もともとギリシア語で、トロイ戦争のときにスパルタの王メネラオスが率いる艦隊の水先案内人の名前である。太陽系探査の指標になる星として、いまでは探査機の水先案内をしているとは、まったくおもしろい偶然である。

## 燦然《さんぜん》と輝く天狼星・シリウス

全天第2位の輝きを誇るカノープスを取り

上げるなら、その北で燦然と輝くシリウスにもふれなくてはなるまい。この星こそ、正真正銘、恒星では全天一の輝きを放っているからである。マイナス1・5等の純白の輝きは、寒風吹きすさぶ冬空にはあまりにも似合っている。同じ冬空を彩るオリオン座の1等星と比較しても、5〜6倍も明るい。

シリウスという名前も「焼き焦がすもの」という意味のギリシア語に由来する。確かに、ぎらぎらと輝く様子は、そうと思えなくもないが、冬の星というイメージが強いので、どちらかというと万物を凍らせる光線のような気もする。しかし、昔の人は想像力が豊かだったようだ。シリウスが西の空に傾き、次第に日没直後の地平線に近づいていくと、季節が春から夏へとかわっていく。そして、ちょうど太陽と重なるころには真夏になり、そこを離れて、今度は夜明け前の空に顔を出すようになると、季節は秋へ向かっていく。シリウスの強い光が太陽と相まって、地上の万物を焼き焦がしているのだ、と考えたようである。いまでも英語ではドッグズ・デイという言葉があり、あまりに暑い日のことをいうが、これもドッグ・スター、すなわちシリウスが太陽と並んで地上を照らすことに由来している。古代ローマなどでは、暑い日には実際に犬を生《い》け贄《にえ》にして厄払《やくばら》いをしたらしい。シリウスは、その意味ではあまり好ましい印象を持たれなかったようである。中国では犬ではなく、狼とされ、天狼星とも呼ばれる。

嫌われもののシリウスだが、逆にシリウスをありがたい神とあがめたところもあった。古代エジプトである。エジプトでは、ちょうど夏に起きるナイル川の氾濫《はんらん》が農作業の重要な時期となっている。その氾濫の時期を日の出直前の東の地平線に顔を出すことで知らせてくれると考えられていた。これを毎年のように古代エジプト人は観察し記録に残し、また、その日を祝った。

古代エジプトではすでに1年365日の暦をつくっていた。その暦とシリウスの最初の出現の日とが、次第にずれていくのも観測された。なぜかといえば、古代エジプトでは4年に一度の閏《うるう》年を採用していなかったからである。したがって、季節が次第に暦とずれていく。4年に約1日、1460年で365日分、すなわち丸1年ずれてしまうのである。暦だけに頼っていては、季節や洪水の時期がわからない。その意味では、シリウスは季節を知るための非常に重要な存在だったわけである。

シリウスの出現が古代エジプトの暦の初日に重なる日は1460年ごとに起こる。これをアポカスタシスと呼び、特別な年であるとされ、この1460年ごとの周期をソティス周期と呼ぶ。古代エジプトでは、シリウスの初見の日と暦とがしっかりと記録されているので、逆に粘土板などに残されたこれらのデータを用いると、正確な年代推定ができてしまうというから、星の記録も古代エジプト史研究にとっては重宝なものなのである。

ところで、シリウスが明るく輝いているのは星そのものが明るいためばかりではない。われわれ地球に非常に近い星なのである。その距離は8・6光年。日本から肉眼で見える星の中では第1位の近さだ。いってみれば、お隣さんなのである。距離が近ければ、明るく見えるのはしごく当然な上に、もともとわれわれの太陽に比べると40倍も明るい恒星なのだから、明るく輝いているのは当然なわけだ。このように地球に近い星・近距離星は10光年以内には7個(うち1個は3重連星、シリウスを含めて2個が連星なので、星の数でいうと11個)見つかっているが、なかでもシリウスは、さらに特殊な伴星を伴っているという意味で、天文学上重要な天体である。

**シリウスの謎の伴星**

シリウスのそばにかすかな星が輝いているのが発見されたのは1862年のことであった。レンズ磨きの天才といわれていたアメリカのクラーク父子が、新たに製作した47㎝望遠鏡の調整テスト時に偶然、発見したのである。だが、もともと1844年にドイツのベッセルがシリウスの運動を解析して、それが50年周期でふらついていることから、見えない伴星があると予言していたものであった。

シリウスBと名づけられた伴星を詳しく調べてみたところ、奇妙な事実が判明してきた。

シリウスBのシリウスAに対するみかけの軌道

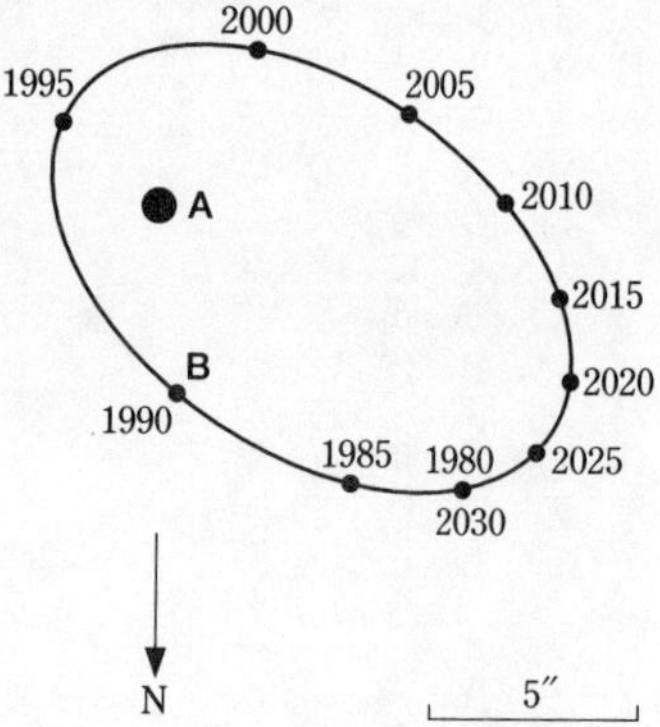


シリウスの主星と伴星との相互の距離と公転周期から伴星の質量が求められるのだが、計算してみると、シリウスBの質量は太陽とほぼ同じであった。しかし、仮に太陽をシリウスの距離に置けば、2等星ほどに輝くはずである。それがどうして8等星と異常にかすかなのか、その当時は理解できなかった。いずれにしろ、伴星は異常な星であることがわかってきた。しかし、なにしろ主星であるシリウスAが1万倍も明るい光を放っているので、なかなか伴星の正体はわからなかった。

発見から50年ほど経過し、再び伴星が主星から離れたころに、伴星だけの観測が行われた。すると、異様に表面の重力が強い星であることがわかった。というのは、見える光がすべて赤色にずれていたのである。これは一種のドップラー効果である。

読者のみなさんも救急車が近づくときと遠ざかるときに音の高さが違って聞こえるのを経験したことがあるだろう。同じように、星が地球に近づくときは、やや青側にずれる。逆に遠ざかるときには赤側にずれる。そればかりではなく、重力が異常に強いところから飛び出してくる光は、やはりその重力に引っ張られて、見かけ上、赤色にずれる。シリウスBの場合は、星そのものは地球から遠ざかってはいなかったので、後者の例、すなわち光が発せられる場所での重力が強いことを意味している。このずれから重力の値が計算され、星の半径が推定された。驚くべきことに、シリウスBの半径は地球程度しかなかったのである。地球のように小さな星が、太陽の質量をぎゅっとつめこんでいる。その密度たるや、角砂糖1個が何百kgにも上る。シリウスBは、これほど高密度の星が実際に存在することが証明されたはじめての例となり、白く輝く小さな星という意味で「白色わい星」と命名されることになった。

白色わい星は、太陽のような星が進化の最後にたどり着く姿であることがわかっている。もはや自分ではエネルギーを生み出していない、いわば星の燃えかすのようなものである。ただ、星の芯《しん》の部分が残されてしまうので、そこは密度が極度に高くなり、まだ暖かいために余熱で光っているのである。いってみれば星の亡骸《なきがら》の姿なのである。シリウスBも、かつては主星のようにきらきらと光っていたにちがいない。ただ、主星に比較して命が短かったようである。もし、シリウスBがまだ生きているうちにわれわれが目撃することができたら、いまよりもさらに明るく輝いていたにちがいない。

このシリウスの伴星は、現在は主星に非常に近くて見ることは困難で、天文学的観測もあまり行われていない。ただ、現在は次第に主星から遠ざかりつつあり、2020年には再び主星から最遠の位置にきて見やすくなるはずである。ぜひ一度はこの目で見てみたい星ではある。

## 3月――春に出現する大彗星と南十字星

### 春先に多い大彗星《すいせい》

3月の声を聞くと、暮れなずむ空に浮かぶ月の輝きも鋭さを失ってくる。凍てついた透明な空に刺すような月光が冴えわたる冬と違って、どこか柔らかく、なんとなくぼんやりしている。いわゆる「おぼろ月」である。暖かくなって、大気の水蒸気が増えることに加え、おそらく中国から飛んでくる黄砂の影響もあるのだろう。

おぼろ月を目にすると、春になったと誰でも考えるものであろう。しかし、私などは同時に、今年の春はついに現れなかったなぁと思ってしまう。期待しているのは肉眼でも見えるような大彗星である。

20世紀後半に出現した大彗星は、不思議なことに初春から晩春にかけての出現が多かった。１９６５年の池谷・関彗星にはじまり、１９７０年のベネット彗星、１９７６年のウエスト彗星、１９８６年のハレー彗星、１９９０年のオースチン彗星、１９９６年に地球に接近した百武《ひゃくたけ》彗星。いずれも肉眼で見える明るさになったのは、3月から4月にかけてであった。それぞれの彗星は、お互いには特に何の関連もないので、これはまったくの偶然ではあったが、天文ファンの間では「大彗星は春に出現する」という感覚が身についてしまった。

そして、20世紀最後を飾った大彗星・ヘール・ボップ彗星も、やはり１９９７年の春霞《はるがすみ》の夕空に浮かんでいた（4ページ口絵参照）。当時のマスコミでも盛んに取り上げられたので、読者の中にも実際にご覧になった人は多いだろう。見かけは短いながら、しっかりとした尾をたなびかせ、マイナス1等という誰にでも見える堂々とした輝きが多くの人の注目を集めた、記憶に新しい彗星である。

この20世紀最後を飾るグレート・コメットは、１９９５年7月末、アメリカのアマチュア天文家アラン・ヘール氏とトーマス・ボップ氏によって発見された。当初の明るさは11等と肉眼で見ることのできる星の明るさの１００分の1にすぎなかった。これは新しく発見される彗星としては、ごく並の明るさだ。ところが1週間ほどたって、この彗星の軌道が決まると、世界中の天文学者が驚くことになった。発見されたときの彗星の場所、その太陽からの距離が、なんと10億5000万kmもあったからである。これは木星の軌道よりも遠方である。これほどの遠距離にありながら、アマチュア天文家によって発見される新彗星など、いまだかつてなかった。

彗星という天体は、その成分の80%ほどを氷が占めている。残りは二酸化炭素、一酸化炭素などが凍ったもので、これらの氷の中に砂粒のような塵が混ざっている。雪の少ないときにつくった「雪だるま」を想像するといいだろう。ころがして大きくしていくうちに地上の土や砂がついて黒く汚れてしまうが、彗星はこのような「汚れた雪だるま」の巨大なものである。

彗星は、ほとんどが非常にゆがんだ楕円軌道を回っている。大部分の時間を太陽の光が届かないような遠方で過ごしている。したがって、そのような冷たい場所では氷が融け出すこともない。しかし、太陽に近づくと、その熱で表面が少しずつ融け始める。まわりは真空なので、水は液体にならずに気体となって蒸発する。このガスが彗星の頭部に、ぼやっとした薄いガスの霞をつくる。またガスの中の一酸化炭素は電気を帯びたイオンとなって太陽風に流される。これが太陽と反対側に伸びた細い「イオンの尾（プラズマの尾）」となる。一酸化炭素のイオンは青白く光るものだから、このイオンの尾は肉眼では青く見える。

一方、ガスの蒸発といっしょに吹き飛ばされた砂粒や塵は、太陽からの光の圧力(放射圧)を受け、反太陽方向へ緩《ゆる》くたなびく「塵の尾(ダストの尾)」をつくる。こちらは太陽の反射光なので白っぽく見える。これが太陽に近づいたときの彗星の姿である。

## 人類史に残る超巨大彗星ヘール・ボップ

ヘール・ボップ彗星が発見された場所は、遠すぎて通常の氷は融け出すことはない。そのために、普通の彗星ならばとても暗くて見えないはずである。76年ごとに太陽に近づく有名なハレー彗星でさえ、この距離では16等の明るさであった。同じ距離で11等のヘール・ボップ彗星はハレー彗星に比べて約100倍も明るい計算になる。実際の彗星本体の大きさは、吹き出すガスや塵の厚いベールにおおわれ、直接知ることはできない。そこで彗星の巨大さは「絶対等級」という指標で表すことが多い。彗星の絶対等級は彗星を地球から1天文単位(地球と太陽との平均距離で1億5000万km)、なおかつ太陽から1天文単位においたと仮定したときの見かけの明るさである。ヘール・ボップ彗星の絶対等級はマイナス1等であった。この値は古文書に記された彗星なども含めて、過去に観測された1000個あまりの彗星と比較してみても歴代第2位の記録であった。20世紀最後の大彗星は、これまで人類の記録に残る彗星の中でも、きわめて巨大なものだったのである。

軌道の解析からすると、ヘール・ボップ彗星が前回太陽に近づいたのは、約4200年前のこととなる。また、次回、太陽に再び接近するのは約2400年後と推定される。これまでも数千年に一度は太陽に近づいていたのかもしれない。今回の接近の前後で、その周期が大きく変わってしまうのは、木星などの惑星の重力によって微妙な影響をうけるからである。

ヘール・ボップ彗星の軌道の大きな特徴は、地球をはじめとする惑星が運行している黄道面に対して、ほぼ直交する軌道平面を動いていることだ。軌道傾斜角は約89度、ほとんど垂直といっていい。この軌道をヘール・ボップ彗星は南からゆっくりと近づいてきて、1996年のはじめごろに、木星の軌道付近で黄道面を横ぎり、北側に抜けた。そのまま太陽へ近づき、1997年3月ごろには太陽のほぼ北極方向を通過。その後、近日点(太陽に最も近づく点)を通過すると猛スピードで南下し、地球軌道のすぐ外側を5月のはじめに横ぎって、黄道面の南へと去っていってしまった。彗星が黄道面を北から南へ横ぎる点を降交点と呼ぶが、地球は3月から5月にかけて、彗星の降交点からどんどん離れていったため、残念ながら、このヘール・ボップ彗星を「近距離から」眺めることはできなかった。最も地球に近づいたのは3月22日ごろで、その距離もせいぜい1・3天文単位。しかし、もともとが巨大な彗星だったから、遠くからでも尾をたなびかせる優雅な姿を楽しむことができたのである。ちょうど春の声を聞く、2月末から3月の明け方の空、それに4月から5月の夕方の空のことで、「大彗星、春に現る」の一例となったわけだ。

もし、この彗星の近日点通過が5ヵ月ほど早かったら、それはすごかったはずである。地球はちょうどヘール・ボップ彗星を至近距離から見ることになり、その明るさが金星なみあるいはそれ以上になっていたはずなのだ。その明るさで影ができるほどだったろう。そんな彗星の出現を生きているうちに一度でいいから見たいものである。

## 彗星から生命が生まれた?

ところで、春霞に浮かぶ大彗星を、天文学者はいろいろな手段を用いて追い続けていた。そこに残されたメッセージはきわめて示唆《しさ》に富んでいる。その一つは彗星の主成分である水に関するものである。ヘール・ボップ彗星が発する電波を調べると、水素原子の一つが重水素というものに置きかわった重水の電波が検出された。普通の水素は、陽子と呼ばれるプラスの電気を持つ原子核のまわりに、マイナスの電気を持つ電子が一つまわっている。重水素は、その陽子に余分な中性子が一つくっついたもので、通常の水素に比べるとほぼ倍の重さを持つ。そのために重水素と呼ばれるのだが、重水素が含まれる水を重水と呼び、しばしば普通の水のほうを軽水と呼ぶこともある。このヘール・ボップ彗星の重水と普通の水との比率は約3000分の1程度であった。これはたいへんな発見なのである。

もともと地球の海の水の中にも、ごくわずかに重水が含まれている。その比率は5000分の1程度である。ところが重水素の宇宙の平均は(少なくとも太陽系初期の成分を保持しているると考えられている木星や土星などでは)、それよりも1ケタ少ない5万分の1程度にすぎない。地球の海水の重水素比がどうして高いのだろうか。これは大きな謎であった。ヘール・ボップ彗星の観測から重水が検出され、その比率が地球の値と非常に近かったことから、地球の海の彗星起源説がクローズアップされることになった。彗星が地球創世期に大量に衝突し、海をつくったとすれば重水の比率の謎も自然に解決するからだ。

さらに重要な事実として、どうやら彗星の中には相当量の有機物が閉じこめられているらしいことが挙げられるだろう。1986年にハレー彗星に近づいた探査機の調査結果では、有機物系の塵の存在が明らかになるとともに、質量分析からアミノ酸と思われるような分子も発見されている。もちろん、質量分析という方法では物質そのものは特定できないから、あくまでも推定ではある。とはいえ、実際に隕石の中からもアミノ酸は発見されており、彗星の中に含まれていてもなんら不思議ではない。

また、筆者の属する国立天文台のグループでも、ヘール・ボップ彗星のみごとな尾の中に見られる筋状の構造を見いだしている。この構造は、彗星に含まれる塵がある温度でバラバラに壊れてしまうことを示している。その温度を考えると、金属や砂粒では低すぎるし、氷と考えると高すぎる。おそらく有機物系の塵であろうと思われている。となれば、彗星はわれわれ生命が生まれる条件となる海をつくってくれたばかりか、生命の材料物質をも運搬してくれたものということになる。

地球の海と生命について貴重なメッセージを残したヘール・ボップ彗星は、1997年4月1日に太陽に約1億4000万kmにまで接近した後、再び漆黒の宇宙空間へと旅立っていった。5月になると、西の地平線に近づいたため、まともな観測ができなくなった。そこで筆者は5月17日に家族とともに山梨県まで行って、双眼鏡で地平線すれすれのヘール・ボップ彗星を眺めた。この彗星が、再び帰ってくるのは約2400年後である。そのとき、われわれ人類は、この地球はどうなっているのだろうかなどと考えながら、西の山の端に消えていく彗星の姿を見送ったのである。

## 憧れの南十字星

はじめてその姿を見たのは1986年3月のことであった。当時、76年ぶりにやってきたハレー彗星が話題になっていた。筆者はハレー彗星の観測を自分の研究テーマに選んで、ずっと追いかけていたのだが、3月以降は彗星が南天に動いていったので、日本からはなかなか観測ができない状況であった。そんな折、当時の東京天文台のTさんが、ハレー彗星の観測をサイパン島でやるというので、お手伝いについていった。サイパン島は北緯15度。南半球とまではいかないにしろ、日本よりも南の空を眺めることができる。そして、ヤシの葉陰に輝く南十字星にはじめて出会ったのだった。

サイパン島では、観測のかたわら、ハレー彗星を見にきたお客さんに星空を案内するというようなアルバイトまでやっていたのだが、必ずといっていいほど聞かれたのが南十字星であった。それほど知名度は抜群で、読者の中にも南十字という名前を聞いたことのない人はいないだろう。

正確には、みなみじゅうじ座と命名されている南十字星は、北半球では春、南半球では秋の星座である。明るい四つの星が十字を描いて並んでいて、西端の星が3等星で、ちょっと暗めなのを除けば、ほかはすべて1等星クラスの星でコンパクトにまとまっており、非常によく目立つ。十字形がちょっと縦長のところなどは、キリスト教の十字架そっくりで、たいへん均整のとれた形をしている。また、十字の縦の方向をそのまま伸ばすとほぼ正確に南を指しているので、大航海時代には、その指針としても使われていた。オーストラリアやニュージーランドなどの南半球の国々の国旗などにもあしらわれ、南天の星の中では代表的な星座である。

日本でも、その知名度はトップクラスで、「南十字星の輝くオーストラリアへ」といった謳《うた》い文句が旅行のツアーのパンフレットにも散見される。宮沢賢治の童話『銀河鉄道の夜』では、出発が北十字（はくちょう座）、終着駅が南十字であった。南十字という言葉をタイトルに含んだ本は、筆者が調べただけでも25冊もあった。もちろん、天文学の本だけではない。小説あり、ミステリーあり、体験談あり、じつにさまざまである。そこにはそれぞれの著者の南十字星への思いが込められている。もちろん、南の島々へのロマンチックな憧れだけではない。とりわけ、ご高齢の方々にとっては、南十字星という言葉から連想するのは太平洋戦争である。当時、日本軍はインドシナ半島から、インドネシアなどの南洋の島々へと進軍していたが、召集されて従軍した多くの人が南十字星を実際に見ていたようである。当時、南方では「南十字」という兵隊たばこがあったそうである。

いずれにしろ、ふだんは見えないことが、逆に南十字星への想像をかきたて、憧れの念を強くしているのであろう。例のカノープスと同じで、かえってその人気を高めているようである。実際、いつどこで見えるかといった国立天文台への問い合わせも少なくない。最近では南半球へ旅行する人のために南十字星を探すための専用の星座早見盤もつくられているほどである（渡辺教具製作所「スター・ディスク」南天盤）。

ところで、この南十字星、サイパンまで行かなくても日本からも見える、といったら驚くだろうか。南十字星のいちばん北の星は北緯33度あたりで原理的には地平線の上に顔を出すことになる。つまり、九州南部では理論的には見えるはずなのだ。また、いちばん南の星も北緯27度が限界になるので、沖縄本島から八重山《やえやま》諸島などの島々では、3月から4月にかけての春先、低空までよく晴れ上がった日に、南の地平線の上に見られるはずである。実際、那覇でも上の三つの星はしばしば見られるし、よく写真にも撮られている。

とはいっても、水平線上の星の高さは波照間《はてるま》島でも、ほんの二度ほど。お月様四つ分しかないので、水平線まで雲がなく、透明度がいいときが重なればの話である。波照間島には、「星空観測タワー」という天文台もできたようで、観光にも一役買っている。

江戸初期の航海の文献である『元和航海記』などにも、「くるす（倶留寸）星」という記述が見受けられる。十字の意味のクロスの発音に当て字をしたもので、寛文年間に書かれた『呂宋《ルソン》覚書』にも、「日本より五百里南へ行けば、四つの星見ゆる」とあるが、3代将軍家光の鎖国令以降、この名前は文献からは消えてしまっている。

しっかりと南十字星を見たい人は、もちろん南半球の国々がよいのだが、オーストラリアやニュージーランドまで出かけてしまうと、今度は天高く上ってしまって、なんとなく小さく見えてしまう。南天には南十字以外に輝く星がたくさんあるので、それらに負けてしまいがちである。同じ星座でも、地平線に近いときには大きく見え、高く上ってしまうと小さく感じられるものだ。太陽や月が地平線に近いときには大きく見えるのと同じ理由であろう。

筆者は個人的に、水平線の上、適当な高度に上ってきた南十字星が最も好きである。その意味では、南半球の国々に行くよりも、春先に北緯10~20度あたりの国々、たとえばサイパンやグアム、ハワイなどの島々へ行って見たほうが、南十字星らしさが味わえると思う。春休みにこれらの島々へ行くのが南十字に会うには適当なのかもしれない。

**本物そっくりな「にせ十字」**

ところで、南十字星が上ってくる3時間ほど前に、やはり十字の形をした星の並びが現れる。こちらは形がほんの少し大きめで堂々としていること、四つの星がみな2等星なのでやや暗めだが、明るさもなかなか同等で、かつ均整がとれた配列であるために、本物とまちがえられることがしばしばである。そのため、こちらは「にせ十字」と呼ばれている。北と西側の星がほ座、残りがりゅうこつ座の星と、別々の星座であるが、明るい星が多いところだし、このあたりの星座も大きいので、なかなか他の星と結びつけにくく、ついつい四つの星に目がいって、まとまりのいい四つの星をつないでしまうようである。筆者もサイパン島ではじめて見たときには、本物と思いこんでしまったほどである。

いまでこそ、これをまちがえても笑い話になるだけであるが、航海を星に頼っていた時代には、そうもいかなかった。というのも、「にせ十字」のほうは、南を指し示しているわけではないからだ。南十字と同じように指し示している方角を南と取りちがえると、船はあさっての方向に行ってしまいかねない。それこそ、大航海時代では命取りになるわけである。

そこで見分け方である。「にせ十字」のつくる十字架は、西側の星がやや南に下がっている、つまり右下がりであるのに対して、本物の南十字星は東側の星が下がっている、つまり微妙に右上がりになる。また、本物では西側の星がとびぬけて暗いが、「にせ十字」の場合はどれもほとんど同じで本物よりもかえって十字らしい。南半球で、しかも空気のよい場所で天の川の中に浮かぶ南十字を見る場合には、それとおぼしき並びの脇に妙に黒く抜けている部分があるかどうかが目安になろう。ちなみに、この黒い部分は石炭袋と呼ばれている暗黒星雲である。また、本物の南十字の東には、ケンタウルス座の明るい1等星が二つ並んで輝いている。これからご覧になる人は、ぜひ、まちがえないで両方とも見て楽しんでほしいものである。

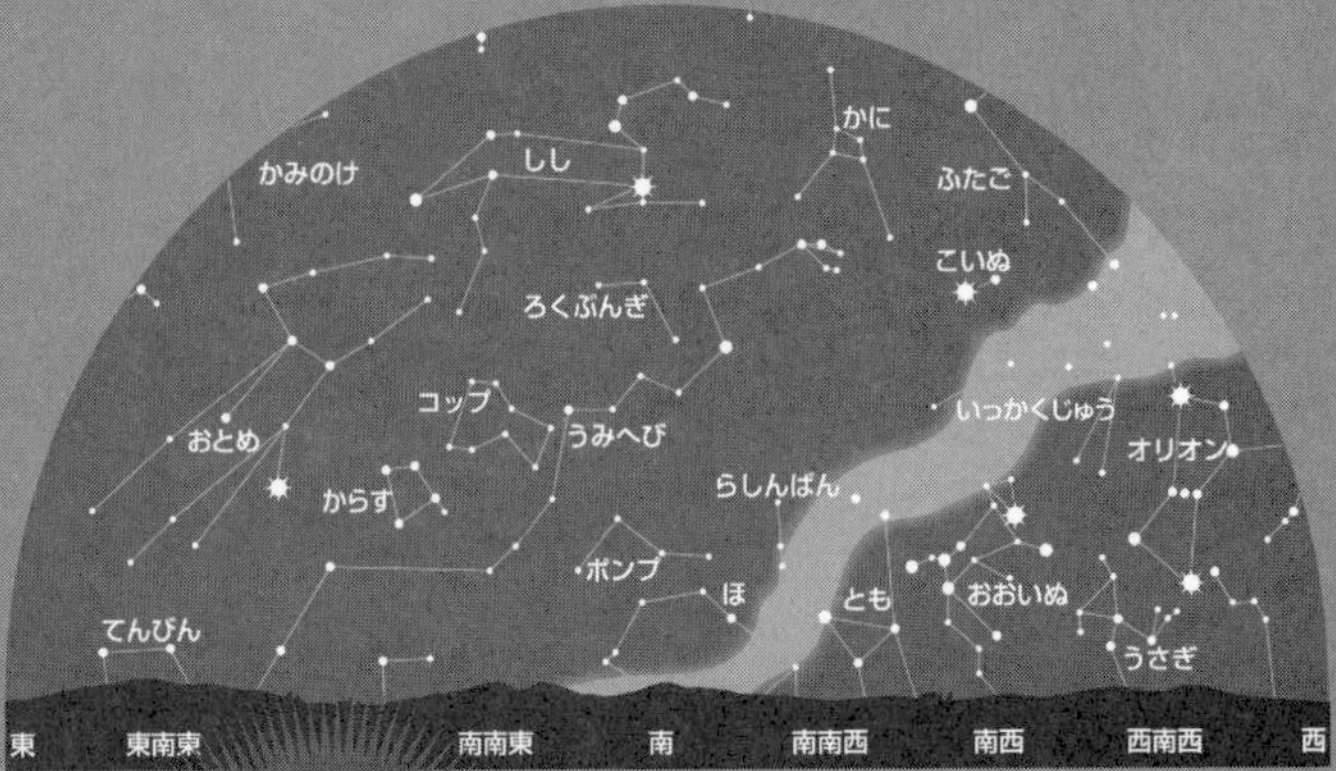


●四月一日二十一時の星空

# 第2章 春から初夏の星空

## 4月——天空のダイヤモンド・球状星団とおぼろ月夜

**最大の球状星団・オメガ星団と北天の代表・M(メシエ)13**

大学生時代は地文研究会という、名前だけからはその内容がよくわからないサークルに入っていた。このサークルは高校の地学部の延長みたいなもので、会の中がさらに天文部、地質部、地理部、気象部などに細かく分かれていて、それぞれに活動していた。といっても、仲よしサークル全盛の時代で、あまり硬派の活動をしていたというわけでもなかった。天文部では、一癖も二癖もある連中が自慢の望遠鏡を持ち寄ったり、学園祭ではプラネタリウムを自作したり、観測会と称してはみんなで流れ星の観測に出かけたりして、それなりに楽しんでいた。

新年度になると、この地文研究会にも新しい1年生が入会してくる。そして、彼らあるいは彼女らを歓迎するという名目で、4月の終わりごろからはじまるゴールデンウィークにあわせ、新入生歓迎合宿というのをするのが恒例になっていた。春合宿とも呼ばれていたこの行事では、星のよく見えそうな場所にある、自炊ができる青少年向けの野外活動施設を借りることが多かった。が、なにせ天文部は夜の活動である。深夜、一晩中星を眺めながらわいわいと騒ぐばかりか、いきおいお酒が進んで羽目を外す輩《やから》も続出し、ついに出入り禁止になった施設もある。

そんな施設の一つになってしまったところが山梨県O高原にある。ここの夜空は大学のある東京に比較的近いわりには、そこそこ美しいので、筆者は気に入っていた。おそらく標高が高くて透明度がいいことに加え、光害源である甲府盆地をいくつかの山々がさえぎっているせいだろう。

ある年、そこで行われた新入生歓迎合宿でのこと。春にしてはとびっきり透明度がよく、低空まで晴れ渡った絶好の条件に恵まれ、みなそれぞれの望遠鏡で、夜空に散らばるいろいろな天体を新人たちに案内していた。そのうち、ある先輩が「今夜はオメガ星団が見えるよ」と声をかけてくれた。

「それは珍しいな」「どれ、見てみるか」と、それまで室内で酒を飲んでいた輩も繰り出し、わいわいとオメガ星団をのぞくことになった。そして、一様に望遠鏡を通して拡大されたオメガ星団の迫力に息をのんだ。

オメガ星団というのは、数十万個もの星がボール状に集まっている天体・球状星団の一つである。球状星団は全部で140個あまりが知られているが、その中で最も明るく、迫力のあるのがこのオメガ星団だ。なんといっても密集した星の広がりが36分角と、満月より大きい。肉眼でも見えるほど明るいため、恒星としてケンタウルス座のオメガ星、オメガ・ケンタウリという名称が与えられている。

その夜のオメガ星団の姿をたとえてみると、まるで漆黒の絨毯《じゆうたん》に積み上げたガラスの粒、あるいはやや色の薄いルビーの細かいかけらであった。本当は真珠のように白っぽく見えるはずだったが、低空のために赤みを帯びて見えていた。中心は密度が高く星が重なり合いすぎて、一つ一つの星に分離して見えることはないが、まわりにいくほどまばらになって、それぞれの星が粒々になっているのがわかる。まるで、そっと積み上げた赤色のステンドグラスの粒の山から、こぼれ落ちたかけらのようだ。しかも大気のせいで、ゆらゆらと揺らめくため、本当にかけらがさらさらと落ちているのではないかと錯覚するほどである。オメガ・ケンタウリという名前の語感のよさとも相まって、あのときの感激は鮮烈な記憶となって筆者の中に残っている。

しかしながら、それ以来、筆者はオメガ星団にお目にかかっていない。というのも、オメガ星団は南天の低いところにあるために、なかなか見ることができないからである。春から夏の南の地平線上に、ほんの少しの時間しか顔を出さない。東京での地平線からの高さもせいぜい8度程度で、かなりの好条件でないと見ることは難しい。冬の南の空に現れる憧れの星・カノープスよりは高く上るとはいえ、なにしろ季節が季節なので春霞で低空まで見通せる機会が少ない。そのうえ、1等星のカノープスと異なり、いくら球状星団の中では最大とはいえ、その明るさは4等星である。日本の天文ファンの中でもオメガ星団を見た人は圧倒的に少ないはずである。それだけに、かなりの通にとっても憧れの天体の一つとなっている。

さて、オメガ・ケンタウリが南天の球状星団の代表なら、北天の代表といえるのがヘルクレス座の球状星団M13であろう（4ページ口絵参照）。直径が17分角、明るさ6等と、オメガ・ケンタウリには及ばないものの、なにしろヘルクレス座という場所がいいのである。この星座は日本付近では頭の真上を通過するのだ。ちょうど北緯36度あたりでは、まさしくM13そのものが天頂を通過する。したがって、オメガ・ケンタウリに比べれば、遥かに空の高いところで、条件よく眺めることができるのである。

バックの空の暗さに浮かび上がる星くずの輝きの美しさは、オメガ星団の比ではない。低空のために赤みを帯びたオメガ星団と違って、M13の場合には、本当に漆黒の絨毯の上に積み上げたダイヤモンドのかけらのように見えるのである。その意味では、日本から見る限り圧倒的にM13のほうが美しさにおいては勝っている。春から夏の星空散策には欠かせない名所である。

## 銀河を取り巻く球状星団の謎

ところで、これらの美しき球状星団たちは不可解な謎を秘めている。140個あまりの球状星団は、銀河系の円盤とは無関係に、銀河系を大きく球状に取り巻いている。この構造をハローと呼ぶことがある。球状星団は銀河系のハローの主構成天体といえるだろう。銀河系が平べったい円盤のような形をしているのに、どうして球状星団だけが、それとは無関係な分布をしているのか、その原因はよくわかっていない。

さらに大きな謎なのが球状星団の年齢である。球状星団に含まれる星たちは、ほとんどすべて非常に古い星である。その年齢を調べると、若くても120億年程度、古いものになると150億年という値が得られる。

一方、いろいろな方法で見積もった宇宙全体の年齢は120億年だとか、極端な説だと80億年というものさえある。常識的に考えて、宇宙年齢よりも古い天体や星があるはずがない。とすれば、球状星団の星の年齢の推定が誤っているのか、あるいはその推定方法が誤っているのか、どちらかであろう。

天文学者は、いま躍起になって、この宇宙年齢と球状星団の年齢との矛盾に挑戦している。最初のうちは、球状星団の年齢の推定値の精度が悪いのではないかという意見が多かった。球状星団の星の年齢の見積もりには、距離が決まっていることが大前提であるが、これがなかなか難しい。しかしながら、その後、ヒッパルコスという天文衛星が300光年までの星の距離をかなり正確に測定した。この中には距離を決める指標になる変光星も多数含まれていた。その結果をもとにして、宇宙全体の距離が補正されたのだが、球状星団までの距離はそれほど大きな変更はなく、やはり古いことは確実なようであった。

現在までのところ、はっきりとした結論はでていない。しかしながら、宇宙が膨張を続けていくうえで、それが単純な等速膨張であると考えることに強い疑問が生じつつある。宇宙は次第に加速しながら、膨張しているというのである。そうだとすれば、現在の膨張速度で単純にはじきなおした宇宙年齢が若くなってしまうのは当然である。いずれにしろ、球状星団は宇宙のごく初期にできた天体として、宇宙の歴史を考えるうえでも大切なものであることはまちがいない。

## 菜の花とおぼろ月

趣味でちょっとした家庭菜園をつくっている。春の作業は、毎年ジャガイモの植えつけで始まる。早ければ3月、遅いときには4月はじめにずれ込むことがあるが、ジャガイモは毎年植えることにしている。ナス科の植物なので、連作(同じ場所に翌年も植えること)するとなかなか育たない。小さな菜園ではちょっと不便ではあるが、それでも酸性の土にも強く、病害虫もあまり出ないうえ、根ものなので鳥に食べられることもなく、手間があまりかからない。筆者のような不精者にはうってつけである。ジャガイモの植えつけの前に、菜類などの冬の作物を処理しなくてはならないが、そのまま残しておくとそのうちに菜の花が咲く。これらをゆでてお浸しにして食べると苦みがあっておいしいので、これも楽しみにしている。というのは、後からとってつけた理由で、面倒でちゃんとやらないだけである。

久しぶりに畑仕事をすると、いつもほったらかしにしているせいで、やることがたくさんあって困る。畝《うね》を立てたり、耕したり、植えつけたりしていると、あっという間に日が暮れて、作業を中断せざるを得ないこともしばしばである。もともと計画性のない筆者の性分が悪いのであるが、見上げる夕暮れの空にぼやーっと月が浮かんでいたりすると、たとえ中途半端な作業で終わっても不思議な満足感があるものだ。そんなときは、わざと菜の花越しに月を眺めたりする。もちろん、菜の花畑というほど広くはないが、「おぼろ月夜」などの歌が口をついて出てもおかしくはない。

冬の間、鮮烈な光を放っていた月は、春になると急速に、穏やかで柔らかな光に変わっていく。これは気温が上がって大気中に水蒸気が多くなり、透明度が悪くなるからである。もちろん、地域によっては黄砂の影響もあるだろう。さらに、天文学的にも月の通り道である白道の位置が冬に比べて低くなり、月が次第に低いところに見えるようになる。冬の満月は頭の真上を通過していくのに対して、春の満月はせいぜい40～50度程度の高さまでしか上らず、そのために大気の影響を受けやすくなるのだ。春の月がおぼろになるのは、そんないくつかの理由が重なっているのである。

**海に浮かぶ光る船**

おぼろ月は満月を指すことが多いようだが、実際にはこの季節にぼやーっと見える月を総称しているのだろう。筆者などは、むしろ東の空に上ってきた満月ではなく、茜《あかね》色に染まる西空で、太陽の後を追うように沈んでいく細いおぼろ月のほうが気にいっている。春先の月は、冬の星座とともに沈んでいくので、月ばかりではなくまわりの星もにぎやかである。それに加えて、沈むときの月の角度が最高なのである。

中緯度地方における春の三日月は、その光っている細い弓形の部分が、沈むときにちょうど地平線を向く格好になる。すなわち地平線に平行に近くなるのだ。その姿は、水平線の上であればもっとすばらしい。ちょうど光る船が海に浮かんでいるように見えるからだ。七夕でもそうであるが、しばしば欠けた月は船に見立てられるものの、本当に海に浮かぶ船のように見えることは少ない。これは春の季節特有のもので、秋の三日月が沈むときに

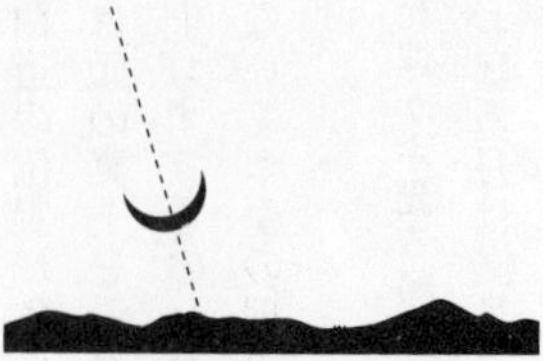

早春の三日月

初秋の三日月

は、光っている部分が地平線となす角度が大きく、船という感じにはなかなかならない。

晩冬から春の三日月は、秋から冬の星座の中にある。冬には白道も黄道とともに大きく北の空に寄っている。地平線に対して、白道も黄道も直角ほどではないにしても、かなり大きな角度で突き刺さるように沈んでいく。一方、月の照らされている面は、あたりまえだが太陽に向いている方向、すなわち通り道と直交する方向になる。したがって、白道や黄道が地平線に対して大きな角度をなしている場合、三日月の明るい部分は地平線に平行に近くなるわけだ。

一方、夏から秋にかけての三日月は春から夏の星座に位置している。夏には白道も黄道も南の空低いところを通っているので、こんどは地平線に対して白道も黄道も浅い角度しか持たない。したがって、三日月は大きく立った形で沈んでいくことになる。

以前、紀伊半島のある小さな港町で宿泊したときのこと。

ちょうど月齢が4日ほどの月が沈む頃合いを見て、夕食後に宿を抜けだし、海に沈む月を眺めたことがあった。心地よく吹く春のそよ風の中、穏やかな海面に黄色い月の光が反射し、波の音とともにきらきらと輝いていた。まるで海の上をこちらの岸へと渡ってくるような光の帯を、紀伊水道を行きかう船の灯りが次々と横ぎっていく。月は、のんびりと、しかし確実に海へ近づいていき、その輝きをオレンジ色に変えながら、まさしく船の形となって音もなく沈んでいった。あれほどのんびりと月の入りを眺めたことはなかった。

もっとも、こんな知識が逆にじゃまになることもしばしばである。以前、パリの美術館を巡っているとき、ある絵の三日月が妙な角度で描かれているのに気づいた。その角度をスケッチしたり、絵の内容と照らし合わせたりして、これは春にしては角度がつきすぎているな、あるいはフランスの景色なのに南半球の三日月になっているな、などと思っているうち、肝心の絵の鑑賞はそっちのけになって、結局、月が描かれている絵ばかりを探して歩いていたということがあった。美術館を出たときに、いったい自分は何をしにきたんだろうと思ったものである。まあ、絵画に描かれた月は現実にはありえない角度が多いという事実を見いだしたという収穫はあったが。

「荒城の月」にしろ、「おぼろ月夜」にしろ、春の月を謳《うた》った歌は多い。十五夜である秋の月と並んで、親しみを覚える情景になっていたのであろうか。あるいは厳しい冬をのりこえた人々の安堵感が投射されているのかもしれない。そういったいろいろな心情を絵描きも月に託しているのかもしれない。

かくいう筆者も最初に月を意識したのは、どうも春の満月だったと記憶している。幼いころ、おそらく小学校に入るか、あるいはその前のころだったか、父親の肩車の上から見た、遠くの山並みの上にぽっかりと浮かんだ大きなおぼろ月であった。当時住んでいた家からは、山並みも見えないはずだったので、それがいったいどこなのか、またどうして肩車をしてもらっていたのかもよく覚えていない。いずれは、畑仕事の後にでも子供を肩車して、同じように月でも見せてあげようかとも思うこのごろである。

### 珊瑚《さんご》星と真珠星

筆者が住んでいる関東地方では冬の間にもそれほど雪が降らないせいもあって、3月末にもなるとずいぶん春めいてくる。そんな季節の夕方、ふっと風が吹いてくると、暖まった土の匂いや木々の新芽の発する匂いを感じることがある。あ、春になったのだな、そう思って見上げると、東の空にオレンジ色の星が輝いている。春を代表するアークトゥルス(またはアークチュウルス)という、うしかい座の1等星である。明るい星がやや少ない春の夜空ではひときわ目立つ星で、暖かなオレンジ色が春にぴったりの星である。日本では、そのオレンジ色がきれいなことから、橙星《だいだいぼし》、あるいは麦踏みの時期に現れるので、麦星などともいわれていたようである。

いつも年度の区切りの4月ごろに東の空に上ってくるので、この星を見ると、なんだか妙に新しいことが始めたくなり、急に日記をつけたり、ジョギングをやったりする。もちろん、どれも3日ともったことがない。

また、アークトゥルスにやや遅れるように、南よりのところから純白の星も上ってくる。こちらも春の1等星・おとめ座のスピカだ。このスピカの純白さは、ウェディングドレスの純白さに通じるところがあって、まさにおとめ座の星にふさわしい輝きを放っている。この星の輝きから、逆におとめ座と決めたのではないかと思えるくらいである。

一方、この時期には北東の空高く、北斗七星が上っている。この北斗七星の柄の部分の四つの星たちの並びは微妙にカーブしているが、このカーブをそのまま東へ伸ばすと、さきほどのアークトゥルスに達する。さらに、このカーブを南東まで伸ばしてみると、スピカにたどり着く。この夜空にかかる大きなアーチを「春の大曲線」と呼んでいる。春の大曲線は夏・冬の大三角と並ぶ夜空の季節の風物詩といえるものである。

春の大曲線の二つの星の色の対照はなかなかみごとである。オレンジ色のアークトゥルスと純白の星のスピカ、これらの二つを海からの贈り物にたとえて、珊瑚星と真珠星といったのは、星についての造詣《ぞうけい》が深い英文学者・野尻抱影氏であった。もともと、スピカに対して真珠星という呼称はあったらしいが、これに対してアークトゥルスに珊瑚星という名称を与えた。まことによい対照であろう。

星景色の美しさは、星々の配列のみごとさと、色とりどりの星の輝きにつきる。とりわけ、肉眼で色の対比が有名なのはオリオン座のベテルギウスとリゲルであろう。赤と白の対比から源平星とも呼ばれていた。赤い星としては、夏のさそり座のアンタレスが有名であるが、秋の空にあるケフェウス座のミュー星も「ガーネット・スター」、オリオン座の足元、うさぎ座R星も「クリムゾン・スター」として全天一、二の赤さを競っている。

色の対比が全天で最も美しい組み合わせとしては、夏の星座はくちょう座ベータ星、アルビレオ以外にはあるまい。肉眼ではわからないが、双眼鏡や望遠鏡で見てみると、オレンジ色に光る星のそばに、青く輝く星がよりそって輝いている（4ページ口絵参照）。その美しさはまさに天に輝くサファイヤとルビーにたとえられ、ぼーっと見とれてしまう星の代表である。

星の色を楽しむのに、わざと望遠鏡のピントをずらせたりするが、春の空はもともとぼんやりしているため、珊瑚星と真珠星の色もひきたつのかもしれない。

## 5月——おとめ座に咲き乱れる銀河の花々

### 隕石《いんせき》から見つかった生命のもと

森雅裕という作家の作品に「流星刀の女たち」という小説がある。刀鍛冶《かたなかじ》の娘が、美術大学に通いながら、非常に難しいといわれる流星刀をつくりあげるという話である。どちらかといえば女子大生のどたばた劇をコミカルにしあげた軽い話だが、刀に関しても隕石に関しても、なかなかどうして情報も描写も正確だ。実際に隕鉄からつくられた刀は存在するし、しばしば隕石が神社のご神体になっているあたりは、よくある話をじつにうまく使っている。

空から降ってくる隕石には、いくつかの種類がある。この流星刀をつくる材料となるのは、ほとんどが鉄からなる「隕鉄」と呼ばれるものである。隕鉄はかなり純度が高い鉄で、ニッケルなども多量に含んでいることがある。切断して、その表面をみがいていくと、ウイッドマンシュテッテン構造と呼ばれる美しい模様が現れることが多く、最近では刀やナイフ以外にも時計の文字盤や、アクセサリーにも加工されることが多い。

この隕鉄を除けば、他の隕石は地上の石とそう変わらないものが多い。隕鉄との中間タイプの石鉄隕石などというのも存在する。また、まれに水分を多量に含んでいたり、炭素を多量に含んでいたりするものがある。模様がある隕石もあるにはあるが、デザインとしてはあまり魅力的ではない。

これらの隕石のほとんどは、太陽系や惑星ができる過程で大きな惑星になれなかった残りかすと思われている。その意味では手にとって研究できる重要な資料である。たとえば隕鉄は、惑星の中心部の様子を知る手がかりになる。惑星が成長していくと、その中心部に重い鉄やニッケルなどがたまっていく。地球の中心にも鉄がたまっているはずである。しかし、ある段階で成長途中にある惑星がなんらかの原因で破壊されると、その中心部の破片や表面の破片も同じように太陽系を漂うことになる。太陽系の中で、これが起きたのが火星と木星の間である。そこには小惑星と呼ばれる大小さまざまの天体が存在しているが、これらはすべて惑星になれなかった残骸である。そして、それらがたまたま軌道をそれて、地球にやってきた中心部の破片が隕鉄であり、表面の破片が隕石となるのである。

一方、隕石の中には、大きな惑星に成長した形跡がないものもある。これらは太陽系の初期の段階から破片になってそのまま漂っていたもので、その意味ではさらに貴重な資料といえる。なにしろ、太陽系が宇宙空間のガスからできかけたときのガスの成分を保っているからだ。そんな隕石の一つがマーチソン隕石である。この隕石は、オーストラリア南東、ビクトリア州のマーチソンという町の近くに、1969年9月28日に落下したものである。隕石は上空で破壊され、それらがシャワーのように降り注いだという。最も大きな破片は7kgもあり、破片の合計は全部で100kgもあったらしい。成分分析の結果、炭素・水・硫黄等の物質に富んでいる非常に特異なもので、いままで見つかった隕石の中でも最も原始的といわれている。なにしろ水が全体の15％を占めているというから驚きである。このような種類の隕石を炭素質隕石と呼んでいる。その後、慎重に研究が進められたが、驚くべきことにマーチソン隕石の中からアミノ酸が見つかったのである。どうやら、生命のもとになるアミノ酸は宇宙のどこにでも存在するらしい。

## アミノ酸の不思議

しかも、驚くべきはそれだけではなかった。アミノ酸は炭素、窒素《ちっそ》、酸素、それに水素を組み合わせた有機物の基本単位である。実験室の中でも合成することができるが、合成されたアミノ酸は生命が基本単位にしているアミノ酸とかなり違ってしまう。同じ元素を組み合わせたアミノ酸でも、左まわりと右まわりの2種類の物質が存在する。光を通したときに、左まわりの光を吸収するか、右まわりの光を吸収するかのちがいなのだ。

実験室内でアミノ酸をつくってみると、左と右の両方が、ほとんど同じ量できてしまう。

これに対して、生命が用いているアミノ酸は、そのうちの一方だけ、つまり「左まわり」の種類に限られている。けっして右まわりのアミノ酸は使われていない。光に対する性質以外、それほど大きな差はないのに、どうして左まわりだけが選択的に生命の基本単位になっているのであろうか。その問題は生命の起源を考えるうえで非常に重要な課題であることはまちがいないが、それはともかくとして、あのマーチソン隕石の中のアミノ酸を調べると、生命が採用した左まわりのアミノ酸がごくわずかに多いのだ。すなわち、われわれの太陽系をつくった母なる星雲中のアミノ酸がマーチソン隕石に凝縮されたとすれば、同じ母親から生まれたわれわれ地球上にも左まわりのアミノ酸が多かったはずである。これこそ、われわれ生命が左まわりのアミノ酸を採用した理由なのかもしれない。

蛇足だが、オリオン星雲のような星が生まれている場所では、ところによって左まわりや、右まわりの光の大きな偏《かたよ》りがあることがわかっている。実験室の中でも、左まわりの光をあてながらアミノ酸を合成すると、左まわりのアミノ酸ができることが知られている。46億年前に太陽系を生み出した星雲は、左まわりの光が卓越していたのではないかとも考えられる。オリオン星雲でこの事実を発見したのは、われわれ国立天文台の研究者を含む国際的な研究グループであった。

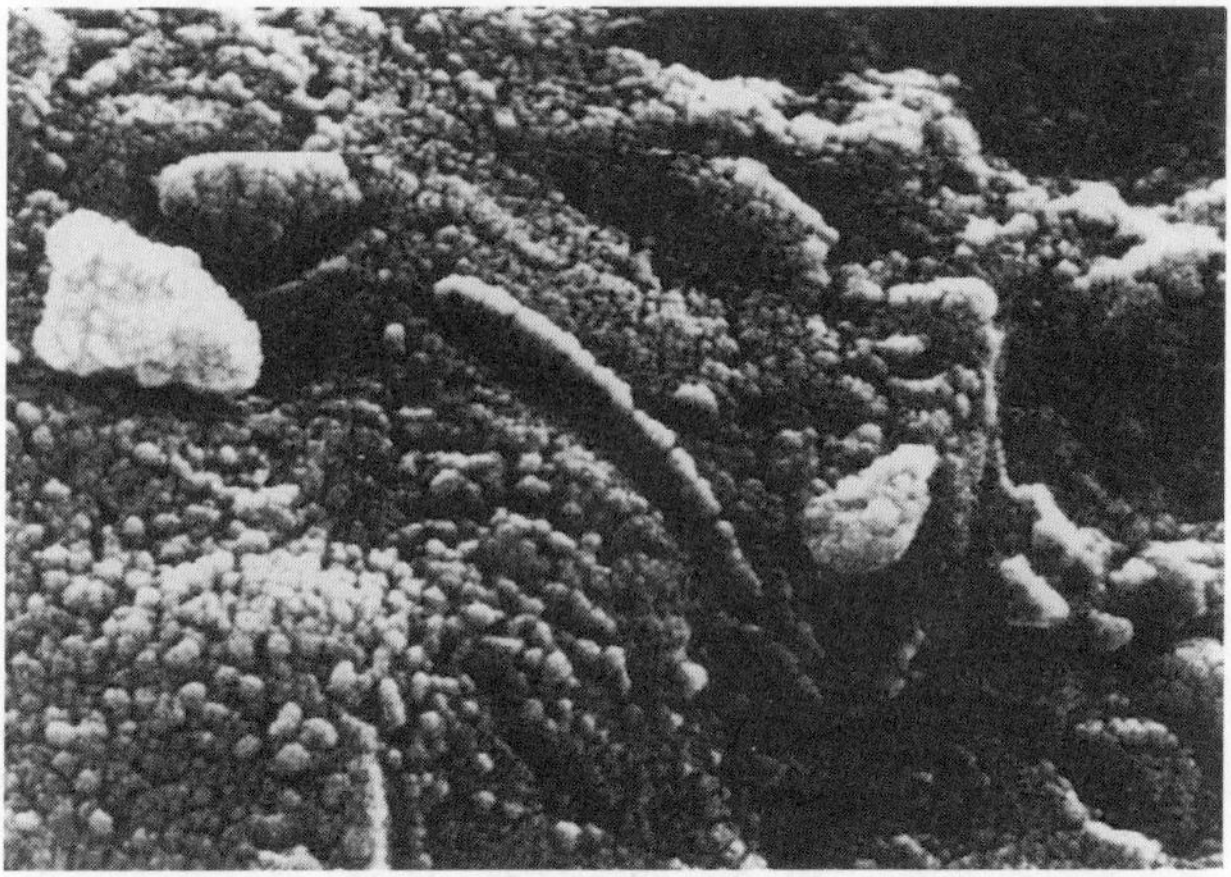

火星の隕石中から見つかった微生物の化石らしきもの（NASA）

## 火星に生命は存在するか

さて、生命についてはマーチソン隕石とは別の隕石でさらに驚くべき発見があった。1996年8月7日、アメリカ航空宇宙局（NASA）は、過去の火星に生命が存在した有力な証拠を発見したと発表したのである。火星から飛来した隕石の中に微生物の化石らしいものと、生命活動により生み出される有機物とを検出したというのだ。

隕石の中には明らかに火星や月から飛んできたものが含まれている。もともと月や火星は、地球よりも重力が弱く、まれに天体が衝突すると比較的簡単にその破片が宇宙空間へ飛び出してしまう。破片の中には地球に衝突して、隕石になって落下するものがあるわけだ。こういった隕石を分析すると、その中に含まれている不活性（あまり物質と反応しない）ガスの成分などが、1976年に火星に着陸して調査したバイキング探査機の結果とぴたりと一致する。月の場合は、アポロ探査機が持ち帰った月の石と成分が寸分と違わない。話題になった火星起源の隕石は、約46億年前に火星上で生成した岩石が、1600万年前の天体衝突により宇宙空間へ放り出され、約1万3000年前に南極に落下したものらしい。

この隕石を詳しく調べると、火成岩質の中に割れ目が存在し、その表面に、かなりの量の有機物や炭酸塩の粒子が存在していた。これらは地球上の細菌の活動によって生ずるものとよく似ていた。さらに驚くべきは、多数の筒状の形状を持つ物質が電子顕微鏡で発見されたことであろう。この筒の太さは人間の髪の毛の100分の1から1000分の1で、大きさも形も地上のバクテリアと非常によく似ている。ただ、これらの化石はすでに46億年も年月が経過しているため、本当に微生物の化石なのかどうか、可能性は高いものの、まだ確定されていない。

もちろん、現在の火星はいまでは乾燥して、砂嵐の吹き荒れる生命にとっては過酷な環境である。少なくとも1970年代のバイキング探査機の調査では生命活動の痕跡は見られなかった。しかしながら、バイキングの着陸地点は、どちらも平原と呼ばれる地域であり、水の少ない乾燥している場所だった。

火星の表面をよく見ると、明らかに川のような地形が散見される。長さ4000kmにも及ぶマリネリス峡谷などの大峡谷は、地質活動による構造性の地溝帯《ちこうたい》で、地球でいう海溝などに相当する。が、詳しく見ると侵食されたV字谷や、堆積物もある。さらに重要なのは、高原地帯に無数に存在するチャネルと呼ばれる蛇行した溝状地形である。これらは明らかに干上がった川そのもので、一時期に大量の水が流れ出て形成されたと考えられる。実際、マーズ・パスファインダー探査機は、着陸して洪水の跡らしい証拠をたくさん発見している。

これらの地形は、かつて水があった強力な証拠といわれている。火星の初期には地球のように大量の水と濃い大気があり、それが種々の原因で失われていったらしい。火星はゆがみの大きな軌道に加えて、自転軸の傾きも周期的に変化する。それらが与える影響は地球の氷河期の比ではなく、温暖になったり、冷たくなったりを繰り返すうちに、重力の弱い火星から大気の大部分が逃散してしまったという。

もう一つ、いまでも水は大量に存在するという説もある。たまたま現在は、その表面直下に隠されているだけらしい。たとえば、クレーターのまわりに見られるエプロン構造というものがある。これは火星地下の水を含む層が、クレーター生成時に熱せられて一時的に融け、流れてできたともいわれている。また、火星には太陽系一大きなオリンポス火山をはじめとして、多くの火山が存在するが、それらが活動したときに、マグマの熱によって水が流れだしたのではないかと思われる地形も存在する。もし、これが本当なら、火星が高温になると水を含んでいる層が融け出し、おそらく火星の気象は激変したことだろう。火星全体の大気圧は10倍になり、火星表面は13mの水におおわれる、とする学者もいるほどである。

かつて水があったなら原始的な生命体が火星で誕生していてもおかしくはない。地下に水があるなら、まだ生きながらえていても不思議はない。特に、まだ水が地下にあるかもしれないといわれている火星の極地方への探査が始まって期待を抱かせたが、その最初の探査機であるマーズ・ポーラーランダーは、残念ながら軟着陸に失敗してしまった。

いずれにしろ、これらの隕石の研究結果が本当であれば、地球に存在するような生命の発生は、この大宇宙ではかなり一般的だと考えられる。もちろん、アミノ酸の左、右のちがいはあるにしろ、おそらく地球以外にもたくさんの生命が存在する、という推測が成り立つわけである。

## 生命が期待される衛星・エウロパとタイタン

太陽系の中でも、火星の他にいくつかの候補天体が挙げられている。その一つが木星の衛星エウロパである。木星本体のまわりには16個の子分たちがひしめいているが、なかでもとりわけ大きな四つのガリレオ衛星のうち、エウロパは内側から2番目の衛星である。つやつやの氷の表面に数多くの筋が縦横無尽に走っている様子は、まるで宇宙に浮かぶマスクメロンである。表面は数十kmはあると思われる厚い氷におおわれ、地殻をつくっている。その内部ではなんらかの原因で熱が発生し、氷の地殻が膨張し、諏訪湖の御神渡りのように盛り上がった筋をつくったり、あるいはクレバスをつくったりしている。クレーターが少ない分だけ、新しい地形といえるだろう。

アーサー・C・クラークの名作「2010年宇宙の旅」ではエウロパには生命が存在するという設定になっていたが、なんという鋭い洞察だろうか。最近では氷の地殻の下は高圧になっていて、液体の水が存在する可能性が指摘されている。「エウロパの地下の海仮説」だ。

アメリカの惑星探査機ガリレオは、現在木星のまわりを周回しながら、四つのガリレオ衛星の観測も続けたが、エウロパへの接近観測では、過去にあった峰や谷をあたかも埋めつくしたかのような平坦な氷平原の地形を発見した。地下の水が割れ目から噴き出して低い部分を埋めてしまったと思われる。さらに表面の氷が大きさ10km程度のブロックに分裂し、それらが移動したり、回転したりしている地形が見つかった。なかには傾いたり、半

ガリレオ探査機がとらえたエウロパ表面のクローズ・アップ。あたかも水に浮いた氷のブロックのように見え、地下の海の存在を示唆している（NASA）

分水没したように見えるものもある。これは、あたかも冬の間に完全に凍った池が融け出して、再び凍結した状態とよく似ている。

もし、本当に地下に海があるのであれば、光合成を行うような原始生物がいても不思議はないかもしれない。アメリカはさらに詳しい調査のため、エウロパ・エクスプレスという探査計画を進めている。

木星の外側の土星にも、生命が期待される衛星がある。20個弱ほど確認されている衛星のなかで、最も大きな第6衛星タイタンである。タイタンは水星よりも大きく、なんといっても濃い大気があることが特徴である。ボイジャー探査機などの観測から、表面大気圧は地球大気の約1・5倍の1500mb（ミリバール）、表面温度は絶対温度約90度、主成分は窒素とされている。

このタイタンに生命が存在する可能性は二つの点から指摘されている。一つは、濃い大気中に水素、炭素、メタン、シアノアセチレンなどの炭化水素類等の有機的な物質を微量成分として含んでいることである。特にシアン化水素(HCN)やメタンなどは光化学反応によりシアン化水素のポリマー(重合体)となり、やがて複雑なアミノ酸やタンパク質になる可能性を秘めている。シアン化水素ポリマーは一般に赤茶色の物質であるが、探査機が撮影したタイタンののっぺりとした特徴のない大気は、確かに赤いもやに包まれていて、こういった有機物質が存在することを示唆している。

もう一つの理由は、これらの物質が大気中だけではなく、タイタンの表面に降り積もり、メタンの海(!)の中で熟成されている可能性があることである。タイタンの表面の温度と気圧は、ちょうどメタンの三重点の条件に近い。三重点というのは、ある物質が気体、液体、固体のどの状態でも存在できるという場所である。地球大気の場合は、水の三重点に近かったので、水が液体で存在し、生命誕生の場を提供した。タイタンの場合は、メタンが地球の水の役割を担うはずであり、可視光のもやの下の対流圏では、メタンの雨が降り、低地にはメタンの海があるかもしれない。とすれば、上空でできた有機物質が、このメタンの海の中でさらに複雑な核酸をつくり、生命になる可能性が充分にある。

土星の衛星タイタンに降下するミニ探査機ホイヘンス（想像図）

１９９７年10月15日、アメリカ・フロリダ州ケネディ宇宙センターから、土星へ向けてカッシーニ探査機が打ち上げられた。総額約４０００億円という開発費をかけた、ＮＡＳＡとしては最後の大型惑星探査機である。カッシーニ探査機は１９９９年夏に一度、地球に接近して軌道を変化させるフライバイを行った後、加速しながら２００４年７月の土星到着を目指して飛行を続けている。この探査機には欧州宇宙機関が開発したミニ探査機「ホイヘンス」が積まれており、タイタン接近時に、その大気へ突入させる計画になっている。

21世紀には隕石の中の化石ではなく、生きている生命体そのものがエウロパやタイタンで見つかるのかもしれない。

## 天上の楽園・おとめ座銀河団

春を代表する星座の一つ、おとめ座が東から上ってくる季節になると、一部の天文学者は少しばかり忙しくなる。多くの望遠鏡がおとめ座に向けられ、さまざまな観測が行われるようになるからである。毎年、この時期には望遠鏡の使用申し込みも混み合い、隙間なく観測予定が組まれることになる。もちろん土日祝日もゴールデンウィークも関係がない。

天文学者に男性が多いとはいっても、別に天上の可憐なおとめにあこがれているわけではない。おとめ座付近は銀河と呼ばれる天体の宝庫であり、その研究には欠かせないフィールドになっているからである。天文学者にとって、おとめ座は銀河の花々が咲き乱れる天上の楽園なのだ（101ページ口絵参照）。

銀河とは、太陽のような恒星が10億個から1000億個、時には1兆個も集まっている大集団である。われわれの太陽も、約2000億個ほどの恒星からなる銀河の一つに属している。われわれ自身が属している銀河を特別に「銀河系」と呼ぶ。銀河系は中心部がやや膨《ふく》らみを持つ、平べったい形をしている。わかりやすくいえば、ちょうど目玉焼きのようなものだ。太陽はちょうど平べったい目玉焼きの白身の端の方にある。逆に、われわれから見ると、その銀河系に含まれる星々を横から眺める形になるので、それらの平べったい部分の星が重なって見え、それが天の川となっているわけである。黄身に相当する銀河系の中心部は、夏の星座であるいて座の方向にあり、その部分の天の川も膨らんで見える。夏の天の川が、秋や冬の天の川よりも濃く太く見えるのは、そのためである。

宇宙にはわれわれの銀河系のような銀河がたくさんあるのだが、それらすべてが銀河系と同じような形をしているわけではない。丸っこくて、ほとんど模様が見えないものから、美しい渦巻き模様をしているもの、とらえどころのない形をしたものや、なかには環のような構造を持つ幾何学美にあふれるものまで、じつに多種多彩である。

いったいどうしてこのような造形が生み出されるのか。それを調べるには、われわれの銀河系のごく近くで、銀河がたくさん集まっている場所を調べるのが最適である。銀河の空間的な散らばり具合は一様ではなく、かなり偏りがある。さまざまな形や大きさを持った銀河が密集している場所が、宇宙のそこかしこにあるのだ。このように銀河が寄り集まった集団を銀河団と呼ぶが、その中でも、われわれの銀河系に最も近いのが、約600万光年の距離にあるおとめ座銀河団なのである。

おとめ座銀河団に含まれる銀河の総数は暗くて小さなものまで数えあげるとじつに数千個に上るといわれている。われわれの銀河系が、せいぜい50個に満たない集団に属しているのに比べると、格段の差である。おとめ座銀河団には巨大な楕円形の銀河やら、平べったい銀河やら、棒状の銀河やら、妙な形をした銀河やらが、さながら天上の楽園に咲き乱れる色とりどりの花々のように存在している。

## なぜ銀河は渦巻き模様になるのか

おとめ座銀河団を詳しくのぞいてみると、まず目にとまるのが平べったい銀河である。横から見ると、本当に棒のように見える。これはわれわれの銀河系のような銀河を横から眺めている姿である。中心部がやや膨《ふく》らみ、まわりが平べったい円盤のようになっている銀河を、一般に円盤銀河と呼んでいる。円盤部に渦巻き模様が見えるものを渦巻き銀河、棒状の構造があって渦巻きがあるものを棒渦巻き銀河、まったく渦巻き構造がなくて、中心の膨らみが大きいものは、凸レンズのように見えることからレンズ状銀河と呼ばれて細分化されている。なかでも目を引くのが円盤部分に発達した渦巻き模様である。

この渦巻き模様から、銀河全体が回転していることは直感的にわかるだろう。コーヒーカップにクリームを垂らしてかき混ぜたときのように。ところが、外側と内側の回転速度には差がある。そのために最初は緩いカーブでも、時間が経過するにつれて、ぐるっと一まわりしてしまう。誕生から100億年近く経過している銀河では、蚊取り線香のようにぐるぐる巻きの模様をしていなくてはならない。しかし、そんな銀河はどこにも見あたらない。なぜいつまでも緩い巻きかたのままなのだろうか？　天文学者はずいぶんと長い間、渦巻きの謎に挑戦してきたが、やっと解明されつつある。

渦巻き模様の腕を詳しく調べてみると、生まれたばかりの星や星雲がたくさんあることがわかる。つまり、この腕では星が生まれ、その滞在時間が長いために光って見えるパターンだったのである。薄い円盤で「密度波」と呼ばれる波が励起され、そこに集まったガスや塵が衝撃を受けて圧縮され、星が生まれている。生まれた星はそのまま銀河の回転にのって腕から離れて動いていくが、その場合でも、やや滞在時間が長くなるので集中して見えるのだ。

これは、高速道路で速度の遅いトレーラーが走っている場合を想像していただけばいい。トレーラーの後ろには何台もの乗用車がつまってしまい、そこだけ車間がつまり、密度が高くなる。トレーラーの直後の車は、やがてこれを追い越して、スピードを上げて走り去っていくが、渋滞の後部にまた別の乗用車が追いつく。したがって、トレーラーがある限り、渋滞のパターンは変わらない。そして、そのパターンのスピードはトレーラーの速度であって、個々の乗用車のスピードではない。乗用車が銀河をまわる星であり、密度波がトレーラーの役目をしていて、結局そこにたまった星や新たに生まれる星が腕を光らせているわけである。

だが、こうしてできた腕は、必ずしもそのまま安定しているわけではない。どうして腕が存在し続けるのか、そこが難問中の難問で、いまだに完全な解決にいたっていないのである。

## 成長し続ける巨大な楕円銀河

謎めいているのは渦巻き模様だけではない。銀河団の中心付近にある巨大な楕円銀河も、どのようにしてできるのか、よくわかっていないことが多い。とりわけ、その巨大さに加え、おとめ座の銀河団の中心に居座るM87という巨大な楕円銀河の中心付近からは、非常に強い電波やX線などが放射されているのである（101ページ口絵参照）。楕円銀河の中にはほとんどガスや塵がなく、比較的古い星ばかりなので、密度が薄くすかすかなはずである。そんなすかすかな銀河の中から、どうして強い電波が出るのか、かつてはたいへんに不思議であった。

しかし、楕円銀河の内部を調べていくうちに思いもかけない現象が見つかりだした。もともと楕円銀河では、回転が非常にゆっくりなのだが、その内部と外部で回転方向が違っていたり、逆向きになっていたりすることがわかり始めた。さらには中心部にはガスや塵があったり、そのパターンが渦巻き銀河のようなものまで発見された。楕円銀河の中に渦巻き銀河が隠れていたのである。

こうしたことから、巨大な楕円銀河は密度の高い銀河団中で相互に接近遭遇・衝突した銀河同士が融合してできていったのではないかと考えられている。銀河団の中心に居座る巨大な楕円銀河は、こうしてまわりの銀河を食べながら成長していったのである。その銀河の中心には、巨大なブラックホールがあるのだろう。銀河が融合、合体すれば、そんなブラックホールに飲み込まれていくガスや塵の量は急激に増えるはずである。中心部から吹き出すジェットもしばしば観測されているが、そんなジェットや、電波、X線なども、もしかすると食べられつつある渦巻き銀河が発する最後の叫び声なのかもしれない。天上の楽園と思われていた銀河の花畑でも、弱肉強食の世界が繰り広げられているようだ。

## ウルトラマンの故郷M78の秘密

ところで、おとめ座銀河団の中心の楕円銀河M87には、たいへんおもしろい逸話がある。日本が生んだ永遠のヒーロー、ウルトラマンの故郷は、どこかご存じだろうか？ M78と呼ばれる天体で、この星雲は実在している。場所は冬の空に輝く勇者オリオン座で、数多くの美しい星雲がある場所である。そこでは、数千万年前から濃いガスの雲の中で次々と星が生み出されている。誕生まもない星たちは、まだガス星雲の産着に包まれていて、次第にそのガスを光らせるようになるために、オリオン座には、こうした星雲があちこちにあるわけだ。最も有名な星雲は、三つ星の下に光るオリオン大星雲M42だが、この星雲から北東の方角、三つ星の最も東の星から、すこし北側にあるのがM78である。地球からの距離は1630光年、明るさは8等で、肉眼では見えないが、空のきれいな場所で双眼鏡や望遠鏡を使えば、実際に眺めることが可能である。大きめの望遠鏡では、中央に光る二つの青い色をした赤ちゃん星のまわりに、ぼーっと輝いているガスの様子を見ることができる。もちろん、紫外線の強いガス星雲なので実際には生命が住める環境ではない。

私は昔から、どうしてこんなちっぽけな星雲がウルトラマンの故郷になったのか、不思議であった。とりたてて特徴もない、天文ファンでさえ、あまり見たことのないような無名の星雲だからだ。同じ種類の星雲を選ぶなら、オリオン大星雲M42のほうがずっとよかっただろう。このM78星雲が実在すると知っていて、その故郷にしたのか、ずっと疑問を抱いていた。円谷英二監督は、筆者と同じ福島県出身と聞いており、親近感も抱いていたのだが、すでに筆者が10歳の時にこの世を去っていたので直接聞くわけにはいかなかった。

しかしながら、円谷監督は最初からM78星雲を意識していたわけではなかった。ウルトラマンの最初の企画の中では、その故郷はかなり特別な天体にしようとしていたらしい。そこで選ばれたのが、そのころ非常に強力な電波が発見され、話題を集めていたおとめ座のM87だったのである。当時は銀河も一般に星雲といっていたので、M87星雲がウルトラマンの故郷に決まったのである。

ところが、その後の台本の印刷段階のミスによって、7と8の数字が入れかわり、M78になってしまったというのである。おかげで、なんの特徴もないM78星雲のほうが有名になってしまった。もっともその距離からいえば、6000万光年と1600光年となので、ウルトラマンが実際にやってくるとすれば、現実味はM78のほうが上ではあるのだが。

## 衝突する銀河

春の星座に、からす座というのがある。南の空に見える星座で、これに属する星たちが、すべて3等星よりも暗いため、本来それほど目立たないはずなのだが、実際には四つの星がこぢんまりとした台形をつくっていて、一度覚えてしまうと、不思議に目につく星座である。

筆者自身、春になるとこのからす座を南の空に真っ先に見つけるのが癖になっている。ただ、昔からこの四角形が、どうしても「からす」に結びつかず、ずっと不思議でならなかった。しかし、ギリシア神話をひもといて、やっとその理由を知ることができた。

ギリシア神話では、もともとからすは太陽神アポロンに仕える人間の言葉を話す銀色の翼を持つ美しい鳥である。アポロンは太陽だけでなく、音楽や医学などの方面も司る忙しい神様で、自分の妻のコロニスにもなかなか会えないほどだったらしい。そんな状況なので、アポロンはからすにコロニスの様子を伝える役目を負わせていた。ある日、からすが道草をして遅くなってしまった。なにしろ、好奇心旺盛な鳥である。道草をするのはいつものことだったのだろうが、この日のアポロンはからすを叱りつけ、そのわけを質した。ここで、からすは「コロニスが浮気をしていたので、それを報告しようかどうしようか、迷ってしまって遅くなった」と嘘をついたのである。この嘘がもとになって、アポロンは妻コロニスを殺してしまうが、あとで真相を知ったアポロンは激怒して、すべてのからすから人間の言葉を話す能力を奪い、しかも美しい羽もすべて黒色に染めたという。また、例の嘘をついたからすを夜空に磔《はりつけ》にした。四つの四角形を形づくる星は、そのとき、からすを夜空に固定した銀の釘であり、まさに闇夜のからすの言葉どおり、からすの形が結べない星座になっている。

日本では、広い地域で「よつぼし」などと呼ばれていた。能登地方では帆船の帆に見立てて「帆かけ星」と呼んでいた。おもしろいのは、この星座の中央に5等星があるが、静岡などではこの星が見えると雨が降るといいつたえられていたことである。中国でも、この星を「長沙星」と呼び、その見えかくれを利用して風雨を占っていた。ちょうど梅雨の前後に現れる星座であるからだろう。

からす座は、おとめ座の西隣にあり、その中には銀河も多い。礫にされたときの衝撃で変形したわけではないだろうが、奇妙な形をした銀河もいくつか見つかっている。

その一つが「アンテナ銀河」と呼ばれるものである（102ページ口絵参照）。あたかも、二つの雲の塊がくっついていて、それぞれから2本のカーブした昆虫の触角（アンテナ）が伸びているように見える。この奇妙な形の理由はしばらく大きな謎であった。これが二つの銀河が衝突している現場であり、長く伸びた触覚は衝突による急接近で、急激に相手の銀河の引力を受けたために、自分の銀河から引き離されてしまった星々であることが、１９７０年代になってわかってきた。

そのころから、天文学でもコンピューター・シミュレーションが応用され、この銀河の形が衝突によって再現できることが証明されたのである。そして、奇妙な銀河のほとんどが衝突によってできることが次第にわかってきた。

## 宇宙の火車・車輪銀河

からす座が西に沈むころ、明け方には、すでに秋の星座が東から顔を出す。南東からほんの少し顔を出す秋の目立たない星座にちょうこくしつ座があるが、ここにもきわめて変わった銀河がある。その名も「車輪銀河」（103ページ口絵参照）。まるで昔の人力車の車輪がとれて、宇宙に浮いている、あるいは平安の都の夜に現れる百鬼夜行の中の火車《かしゃ》のようである。地獄の火車は悪いことをした人間をさらってしまうようだが、宇宙の火車には、怪しさは微塵もなく、美しいものである。

よく調べてみると、車輪の部分には、できたての青白い星が集中している。電波望遠鏡では、この銀河からまるで彗星の尾のように水素ガスが細長くたなびいていることがわかった。そして車輪銀河のそばには、色の異なる小さな銀河が全部で三つ存在している。これらの状況証拠を総合してみると、渦巻き銀河の一つに小さな銀河が正面衝突したというシナリオが考えられる。衝突した銀河はそのまま通り抜けて、その通り道に細長くガスが引き出されてしまった。そして、衝突したときの衝撃が、まるで波紋のように渦巻き銀河の円盤部分の中心から広がっていき、その波紋はついに銀河の外側に達して、そこでガスを圧縮し、星をつくり出した。そのために新しい星が渦巻きの腕ではなく、衝撃波の到達する場所、すなわちリングに見えているわけである。コンピューター・シミュレーションでも、円盤状の銀河のほぼ中心に垂直に小さな銀河を衝突させると、まったく同じような形ができあがることがわかっている。

ところで、この銀河を車輪の形たらしめた衝突を起こした銀河は、すぐそばにある二つの小さな銀河のどちらでもないらしい。遠く離れたもう一つの銀河のようだが、ではそばの二つの銀河が今回の衝突となんらかの関係があるのか、あるいはまったく無関係なのか、実はよくわかっていない。

同じような車輪でも、リング部分が明らかに性質の違う別の銀河のまわりに付随しているような銀河もある。ちょうどリングが銀河の極方向にまわっているように見えるために、「ポーラーリング銀河」とも呼ばれる一群で、全天でもわずか100個程度しか知られていない。

たとえば、夏の星座ケンタウルス座にあるNGC4650Aという銀河では、中心の銀河に対して、斜めに傾いたリングが存在しているのがわかる（103ページ口絵参照）。このような形状も衝突によって生じた可能性が強いといわれている。大昔に起きた銀河の衝突により、大きな銀河の中心部が残って、中心の部分をつくり出したと考えられる。ここでは、もともと円盤部分の中心付近にあった年老いた星たちがもとになっており、塵やガスが少ないので、赤みがかった色となっている。

そして、もう一つの小さい銀河は大きな銀河に接近しすぎて、激しく破壊され、消失してしまった。衝突の最中に、小さい銀河からガスや塵が剝ぎ取られると同時に、大きな銀河のほうの円盤部分にあったガスや塵も合体しながら、それらが新しい星を生み出してリングとなった。

リング外側部分が明るくて青色なのは、ここに若く、青白い星々があるからである。リングの向きは、中心の円盤銀河の円盤の向きに対し、小さな銀河がどのように衝突してきたかで決まってくるらしい。

このような奇妙な形を生み出すような衝突は、銀河団の中ではときどき起きるようである。ところで、われわれの銀河系は他の銀河に衝突することがあるのだろうか？　銀河系はおとめ座銀河団から離れた辺境の地にあり、銀河の空間密度が非常にまばらなところにある。しかし、お隣の約230万光年ほど離れたアンドロメダ座大銀河は、猛スピードでこちらへ向かっていることがわかっている。もしかすると、いずれわれわれとアンドロメダ座大銀河が衝突・変形して、奇妙な形の銀河になるやもしれない。そのときには、太陽は銀河の円盤部から放り出され、銀河系をやや離れたところから見ることになるかもしれない。あるいはアンテナ銀河のように、細長いひげのような天の川の支流を夜空に見上げることになるのだろうか。

ただ、銀河系とアンドロメダ座大銀河の衝突が起きるとしても約60億年後。とても人類はそれを見ることはかなわない。

# 6月——梅雨の晴れ間の天の川下り

## 『銀河鉄道の夜』

宮沢賢治の名作『銀河鉄道の夜』は、天の川がよく見える田舎町に住むジョバンニを主人公とする童話である。銀河の祭りの夜、いじめにあったジョバンニが町はずれにある牧場の裏の丘に登り、寝込んでしまうところから物語は始まる。夢の中でカンパネルラという友人といっしょに天の川を下る鉄道に乗って、数々の不思議な体験を通して、永遠の友情を知るという設定になっている。誰でも一度は読んだことがあるだろう。

天に浮かぶ不思議な雲のような天の川の流れを、古代の人々は神の国の川と考えていた。銀河という言葉も、もともとは天の川のことを指していた。西洋では「ミルキー・ウエイ」と呼ばれ、乳の流れる道と考えられた。

『銀河鉄道の夜』を読むと、賢治は宗教や農業だけでなく、天文学にもかなり造詣が深かったことがわかる。当時、天の川が星の集まりであることをしっかりと理解していたことは特筆に値する。さらに、物語に登場する数々の星々や星座たちも、天文学者の目から見てもなかなか正確である。白鳥区の最後に登場するアルビレオの観測所には、青宝玉と黄玉の球が輪になってまわっているとの記述がある。観測所は岩手県水沢市にある緯度観測所（現在の国立天文台水沢観測センター）がモデルのようだが、アルビレオというのは実在するはくちょう座の美しい二重星だ。この例一つとっても、賢治の宇宙に関する知識が半端なものではなかったことがわかる。

ところで、この物語は、明確な記述はないものの、いくつかの状況から考えると、舞台が夏の夜であることはまちがいない。銀河の祭りという設定も、東北地方の夏祭りを意識したものであろう。夏の夕涼みの時間帯には、確かに南の空に流れる天の川を見ることができる。夏の星座であるはくちょう座からわし座、いて座、そしてさそり座の尻尾に続いて、地平線へ没する夏の天の川はじつにみごとである（104ページ口絵参照）。

もちろん、天の川は冬の空にも流れている。全天を一周しているのであるが、夏の天の川のほうがよく見える。というのも、夏の天の川は、秋から冬の天の川よりも星の数が多く、明るく、太いからである。天の川下りの鉄道に乗って、星空を楽しむにはまずは夏の天の川である。しかしながら、夏の天の川が本当に美しいのは、筆者の経験からいえば6月ごろの梅雨の晴れ間である。この時期は、雨のせいで大気中の浮遊するゴミや塵が洗い流されて、透明度が抜群によい。それに天の川の濃い部分が南中するのが、ちょうど深夜になる。気温が下がって、大気はますます清涼になり、よけいな人工の灯りも少なくなって夜空が暗くなるからだ。賢治の時代には、大気を汚す公害源や星を見えなくしている人工光も少なかったから、夏の夕涼みの時間帯でも天の川はよく見えただろうが、現代ではそうはいかない。梅雨時は星を見るには適さないと思いこみがちだが、天の川下りに関しては最もおすすめの時期である。

## 「銀河鉄道」で天の川下り

賢治の描いた銀河鉄道も、夏の天の川を北から南へと下っている。始発駅の北十字は、ほぼ頭の真上に見えるはくちょう座である。鷲の停車場は、七夕の彦星のあるわし座。蠍《さそり》の火はさそり座のアンタレスという赤い1等星、そしてケンタウルス祭りは文字どおりケンタウルス座。ぽっかりと穴の開いたように見える石炭袋と、その隣にある終着駅の南十字星。北十字から南十字への旅も、賢治のキリスト教に影響された宗教的な色彩が色濃く出ている一方で、ところどころに挿入される不思議な話も、アルビレオのような連星の説明だったり、鶴などの実在する星座からヒントを得ている。

『銀河鉄道の夜』を片手に、実際の星空で天の川を下りながら、星や天体を楽しむのもおもしろい趣向かもしれない。その場合の第一のコツは、まず夜空の暗い場所へ出かけることだ。読者のみなさんのほとんどは自宅から天の川が見えないにちがいない。見える人は

## 天の川下りの観測名所

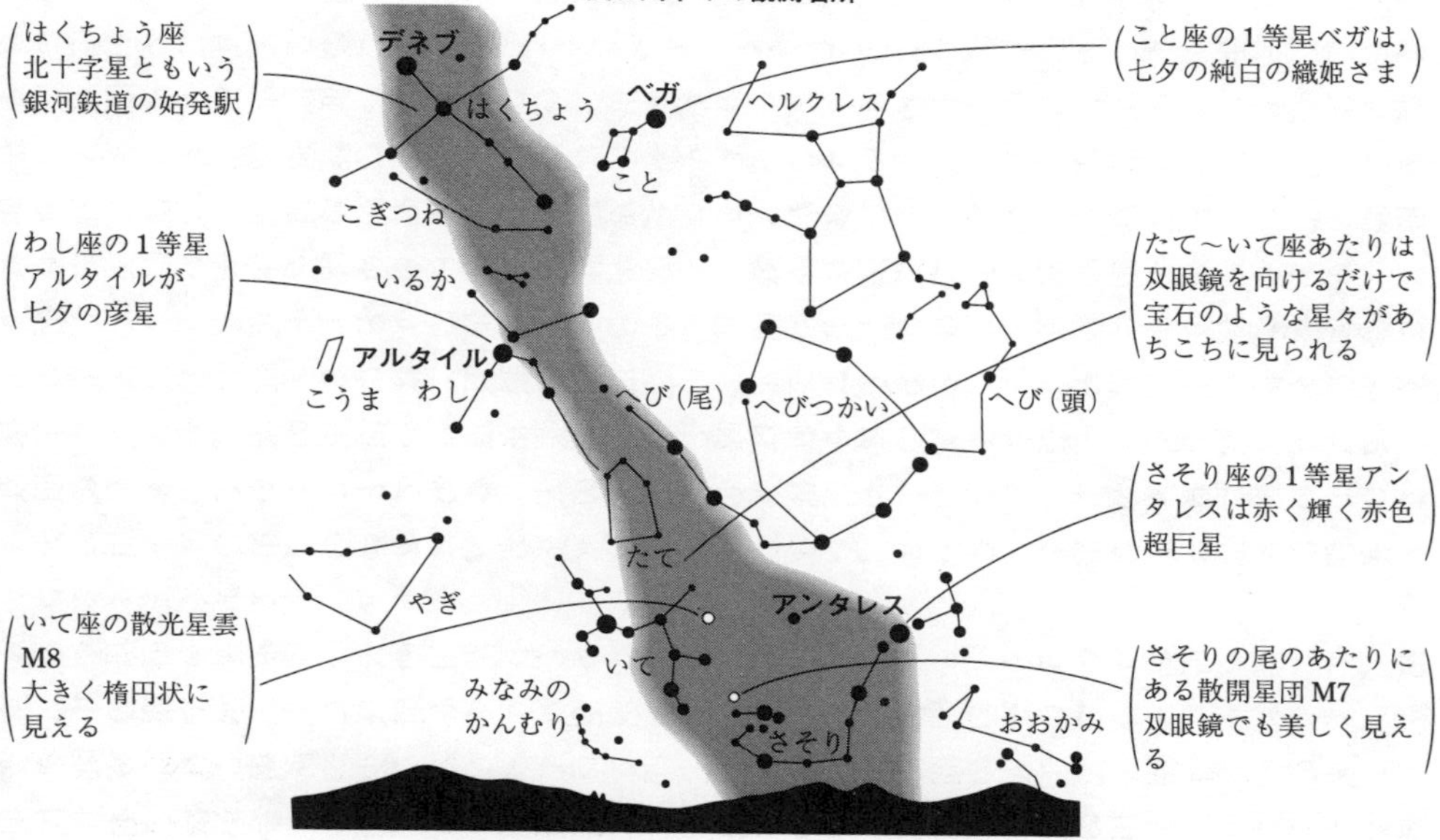
はくちょう座
北十字星ともいう
銀河鉄道の始発駅
わし座の1等星
アルタイルが
七夕の彦星
いて座の散光星雲
M8
大きく楕円状に
見える
こと座の1等星ベガは，
七夕の純白の織姫さま
たて～いて座あたりは
双眼鏡を向けるだけで
宝石のような星々があ
ちこちに見られる
さそり座の1等星アン
タレスは赤く輝く赤色
超巨星
さそりの尾のあたりに
ある散開星団 M7
双眼鏡でも美しく見え
る
デネブ
はくちょう
ベガ
こと
ヘルクレス
こぎつね
いるか
アルタイル
こうま
わし
へび（尾）
へびつかい
へび（頭）
たて
やぎ
アンタレス
いて
みなみの
かんむり
さそり
おおかみ

現代日本ではかなり幸せである。最近では、地方の中小都市でも天の川が流れるような星空を眺められる場所が少なくなっている。上空にもれる夜間の人工光・屋外照明の光が、空気中の塵や水蒸気に反射して、夜空が明るくなる「光害」のせいである。それでも、なんとか場所を選べば、天の川がきらめく星空が残されている。そういう場所を探して、出かけることである。

天の川下りの第二のコツは、あまり倍率の高くない、せいぜい7倍あるいは10倍程度の双眼鏡をもっていくことである。天の川の美しさは、かすかな星たちが無数に輝いている様子につきる。天の川沿いに点在する星団と呼ばれる星の集まりや、宇宙を漂うガス雲である星雲などを眺めるには、双眼鏡が最適のアイテムである。とりわけ、宝石箱をひっくり返したような色とりどりの星々がきらめく星団の美しさは息を飲むばかりだ。そして、これらの美しい天体を眺めるには、視野が広く、気軽に携帯できる双眼鏡が最適である。天体観察には天体望遠鏡が必要と思い込んでいる人が多いものだが、それはまったくの誤解だ。大きな天体望遠鏡はあつかいがたいへんで、こういう気軽な星空散歩には不向きである。双眼鏡も倍率は低いほうがいい。倍率が高いと、せっかくの宝石箱の星たちがばらばらに広がって見えるので、魅力がなくなってしまうし、手ぶれで星の美しさが半減してしまうからだ。星をよく知らなくても、双眼鏡で天の川下りをすれば、たくさんの美しい天体たちに出会えるはずである。

## 銀河の中心に巨大なブラックホール

ところで、この天の川の正体が判明したのは天体望遠鏡が発明されてからである。17世紀初頭、イタリアの天文学者ガリレオ・ガリレイは、天の川に自作の天体望遠鏡を向け、それが目に見えない無数の星々の集まりであることを見いだした。これ以後、天の川に対する認識は、大きく変わっていくことになる。それは同時に、私たちがいったいどんな世界にいるのかという概念の変革でもあった。

かつては、地球は世界の中心であると考えられていた。しかし、やがて地球は太陽をまわる一つの惑星という地位に滑り落ちた。天動説から地動説へ、その概念の変革のきっかけとなったのが、ガリレオなどによる天体の観測であった。彼らの観測により、天の川も無数の星の集まりであり、星は天の川に沿って扁平《へんぺい》な形に集まっていることがわかってきた。そして、イギリスの天文学者ウィリアム・ハーシェルによって、われわれはこの星の集まりの中でも、端っこのほうにいることがわかってきた。またしても、われわれはこの星の集まりという小さな宇宙の中心にいないことがわかったのである。

天の川のことを天文学では銀河系と呼ぶが、この銀河系の中心方向は、夏の天の川の地

横から見た銀河。われわれの銀河系もこのような形をしていると思われる

平線近く、やや流れの幅が広くなっている部分である。星座でいえば、いて座の方角が、わが太陽が属する約2000億の星の集まりの中心部分がある方向にあたる。

5月のところでも紹介したが、銀河系は目玉焼きのような形をしている。黄身の部分がいくらか膨れていて、それが銀河系の中心にあたる。われわれは薄っぺらな円盤の部分、白身の端っこのほうにいる。黄身の部分は大きさ3万光年、厚さが1・5万光年、白身は直径が10万光年、厚さはせいぜい数百光年と非常に薄い。夏の天の川が濃く、太く見えるのは、われわれが白身の端っこから黄身の膨れた部分を眺めているからである。

20世紀になって、こういった銀河系のような星の集まりが、宇宙にはあちこちに無数に存在することがわかってきた。どうして、このように宇宙のところどころに星が集まり、銀河となっているのかは、これは現代天文学に課された謎の一つである。

ところで銀河、あるいは銀河系という星の集まりの不思議さもさることながら、その中心にはいったい何があるのかも大きな謎である。最近になって、その正体は次第に明らかになりつつある。

銀河の中心部には強い重力がなくてはならないことは、星やガスなどが引きつけられていることからわかっていた。が、なにしろこうしたガスや塵がたくさん集まっているために、その中心部は隠されてしまって、のぞき見ることができない。いて座にある銀河の中心部分も、天の川の中州のように、星が隠され、黒く抜けた部分となっている。こういった雲は暗黒星雲と呼ばれており、天の川には所々に浮いている。『銀河鉄道の夜』の最後に現れる石炭袋も、その一つである。

天文学者は、こういった暗黒星雲を透視して銀河の中心に迫ろうと、塵やガスを透過する赤外線や電波などを用いるようになった。そして、われわれの銀河系だけでなく、他の銀河も調べるようになってきた。われわれの銀河系では、自分たちが中に属しているので、かえってわかりにくい。そのため、他の銀河を調べるほうが簡単な場合がある。他人の顔はよく見えるが、自分の顔は観察できないのと同じである。そして、じつにひょんなことから、われわれの銀河系から2100万光年離れたM106という銀河の中心に巨大なブラックホールが存在することがわかったのである(104ページ口絵参照)。

ブラックホールというのは、自身の重力があまりに強すぎて、つぶれてしまい、この現実の空間では体積が無限小となってしまった天体である。しかしながら、非常に強い重力だけは残っていて、あらゆる物質を飲み込んでいく。あまりに強い重力のために光さえも脱出できないので「闇の孔」と呼ばれている。アインシュタインの相対性理論によって存在が予言されたものである。この宇宙には大小さまざまのブラックホールが存在していることがわかってきたが、この銀河の中心は実は巨大なブラックホールであったというのだ。

そもそものきっかけは、国立天文台野辺山宇宙電波観測所にある直径45mの電波望遠鏡がとらえた奇妙な電波であった。この電波は、銀河の中心部で高速回転する天体から放たれていた。あまりに高速だったので、にわかには信じられなかったほどである。その場所が銀河の中心付近にあるとすれば、それらの電波を発する天体をふりまわしている中心部の質量が決定できる。そこで、アメリカの電波望遠鏡の助けを得て、電波源の位置を決める観測が行われた。その位置は、銀河の中心からたった0・4光年。10万光年もの大きさを持つ銀河全体に比べれば、ほとんど銀河の中心といってもいい。そして、その観測の結果、求められた中心部分の質量は、驚くべきことに太陽の3600万倍。たった0・4光年の狭い空間に、これだけの星を押し込めることは不可能である。こうして、この銀河の中心には巨大ブラックホールが存在することが確実になったのである。

この発見がきっかけとなって、いろいろな銀河で、次々に中心部にブラックホールがあることがわかってきた。M106のブラックホールの発見ほどに確実な証拠はまだないが、われわれの銀河系の中心部分にもブラックホールがある可能性は高い。

宮沢賢治がこういった現代天文学の最新の成果を知っていたら、いったいどんな形の『銀河鉄道の夜』ができあがっていただろうか。

**ストロベリー・ムーン**

神奈川県の観音崎に、筆者が以前から一度は泊まってみたいと思っていたホテルがあった。ここはかつてフランスに本拠のあるルレ・シャトー公認であった。この協会のホテルとして登録するには、厳しい審査をパスし、なおかつ客室数もせいぜい40以下に制限されていなくてはならない。公認を受けるだけでたいへんなものなので、現在でも公認旅館・ホテルは、日本では全部で5軒しかない。

たまたま家族旅行で千葉へ遊びに行ったとき、そのあたりの宿がどこもいっぱいだったのにかこつけて、フェリーで海を渡り、三浦半島へ上陸し、あこがれのホテルで一泊することにした。

どの部屋からも目の前に東京湾が広がり、行きかう船を眺めることができる。日がな一日、ベランダから眺めていてもいいような景色である。が、それにもましてうれしかったのは、毎月の満月の日付と月の出の時刻、それに上ってくる方角まで記載された案内が部屋に備えつけてあったことだ。「ムーンライト・ファンタジー」と銘打った案内パンフレットには、「対岸の房総半島ごしにゆっくりと顔をのぞかせてから3～4時間の間、当ホテルよりすばらしい満月が望めます」と書かれてあった。筆者らが宿泊した日は、満月少し前という絶好の条件だったが、残念ながら、当日は曇ってしまい、海に映る月の光を眺めることはできなかった。

月でも太陽でも、地平線から現れたころと、没するころの出入りのときが最も美しいものである。太陽の場合には天高く上ってしまうとまぶしくて直視できないという問題もあるが、月の場合にも地平線の近くにあるときのほうが大きく見えるからである。もちろん、秋の月が中天高く輝くのも美しい。しかし、春から夏の時期に現れる月は、湿度の影響もあって黄色というよりも赤っぽくなり、その印象は強いかもしれない。これは、この時期の月が高く上らないことも影響している。

太陽の高度は北半球では冬に低くなり、夏に高くなる。あたりまえのようだが、満月は地球をはさんで常に太陽と反対側にきている。おおまかにいえば、月は太陽の通り道である黄道にそって動いていくので、その季節ごとの高さはちょうど逆の関係となる。つまり、日が最も高く上る夏至《げし》のころの満月は高度が低く、日が最も低くなる冬至《とうじ》のころの満月は高く上るのである。

たとえば、東京では6月の満月の高さは、高く上っても30度あまりだ。これは、まだ地平線に近い、といってもいいような低さである。一方、12月の冬の満月の場合には、高さは80度近くとなり、ほぼ頭の真上にまで上ってくることになる。

同じ気象条件でも高度が低いほうが大気の影響を受けやすいので、低い月の明るさはにぶってしまう。夕日と同じように赤みを帯びてしまうことが多い。しかも夏至のころは、湿度が高い季節で、夜中でも真っ赤な月のままであったりする。

日本よりもっと緯度の高いヨーロッパなどでは、夏の満月は日本よりもさらに低い。ロンドンでも、夏至のころの満月の高さはせいぜい20度どまりである。そのせいで、大気の影響を強く受けて、必ず赤く見えるので、この時期の月を英語では「ストロベリー・ムーン」などと呼んでいる。

一般的に日本よりも冬が厳しいヨーロッパでは、恵みを与えてくれる太陽への感謝の気持ちは強い。太陽の恵みを存分に受けられる季節・夏を大事に思う気持ちを背景にすれば、太陽が最も北の空にかたよる日・夏至の日を特別視するのは当然であろう。イギリスに残るストーンヘンジなどの古代の遺跡は、古代の天文台であり、天体の動きを克明に観察した上でつくられた遺跡といわれている。その石組みの配置を調べると、夏至の日の太陽が出没する方向が、大きなキーとなる石組みで印されているのもうなずける。夏至の日の出を祝い、低くなった満月・ストロベリー・ムーンを古代のケルト人は眺めていたのかもしれない。いまではストーンヘンジは保護のためにむやみに立ち入ることはできないらしく、夏至の日に日の出を拝むこともできないが、1999年にオープンした群馬県高山村にある県立ぐんま天文台にはストーンヘンジが敷地内に再現されているので、一度はケルト人の気持ちになって試してみたいと思っている。

すばる望遠鏡にNHKハイビジョンカメラを搭載して撮影したおとめ座の銀座NGC5426-5427。

おとめ座銀河団の巨大楕円銀河・M87の写真。中心部から右上にジェットが噴き出している（国立天文台）

(上)からす座にあるアンテナ銀河NGC4038・4039。2つの銀河が衝突している最中で、中心部を見ると青白い星が生まれているのがわかる(国立天文台)
(下)その中心部のクローズ・アップ (すばる望遠鏡)

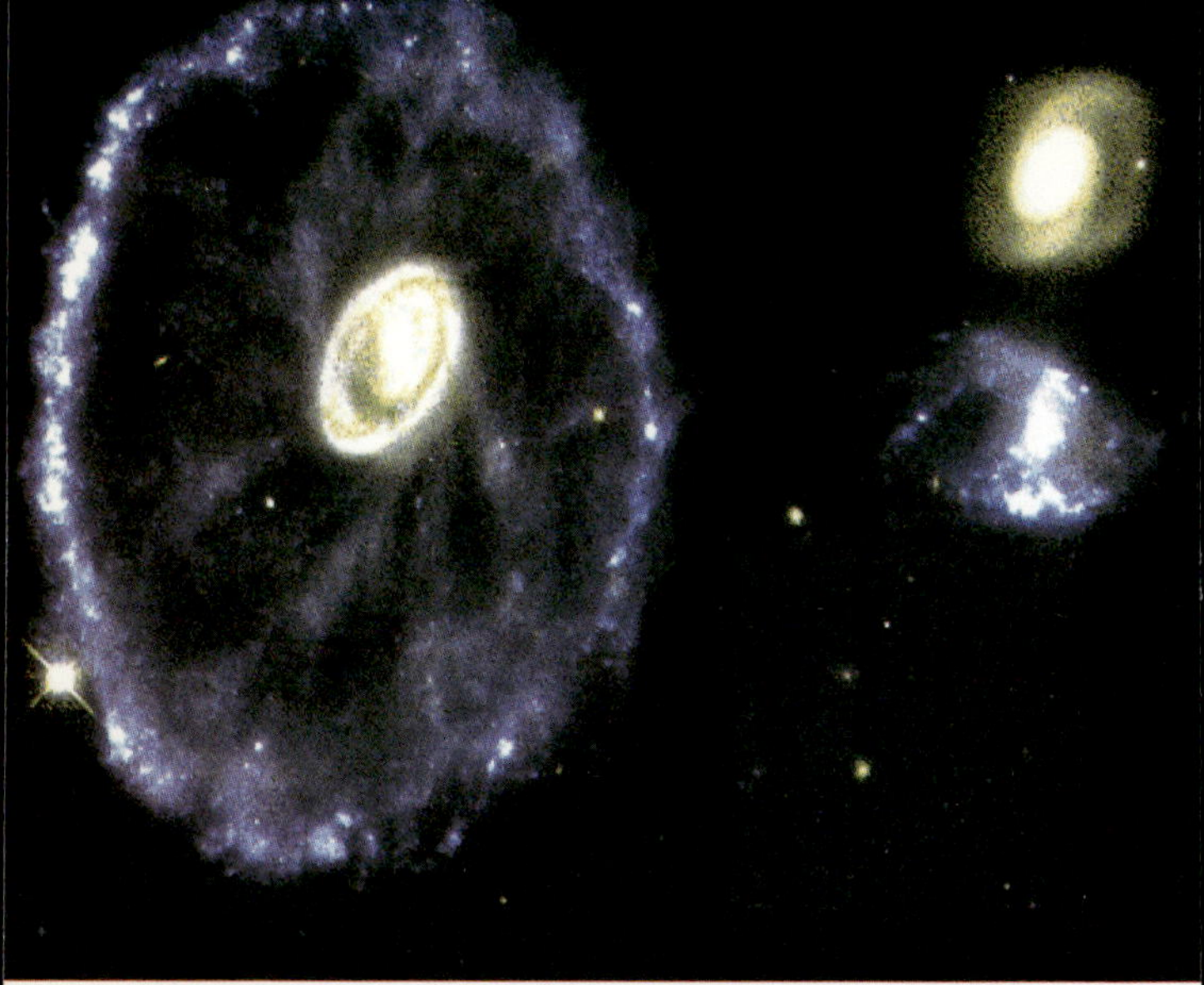

(上)ちょうこくしつ座にある車輪銀河（ハッブル宇宙望遠鏡）
(下)ポーラーリング銀河NGC4650A。衝突合体の結果、生じた銀河かもしれない（ハッブル宇宙望遠鏡）

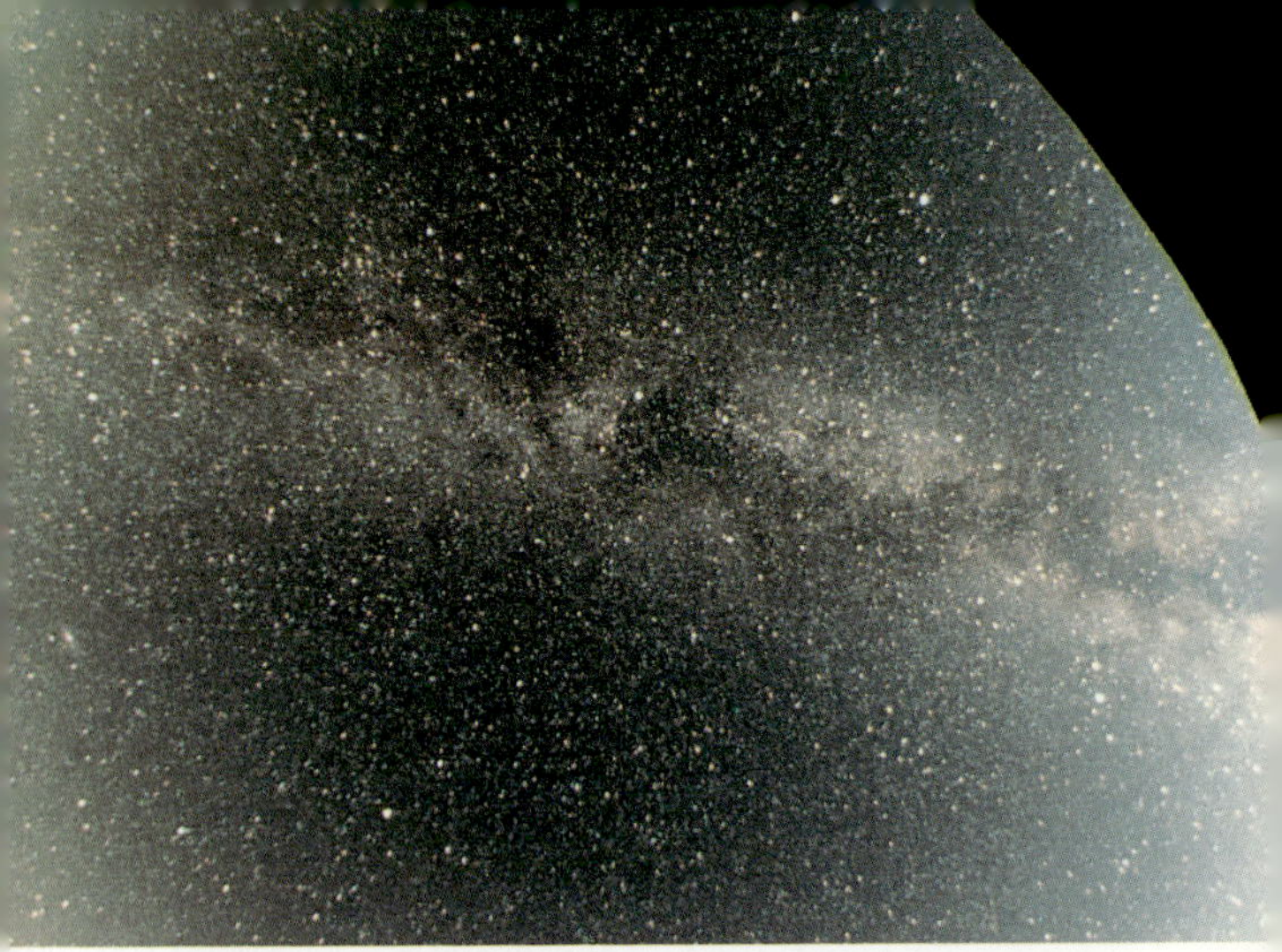

（右）中心に巨大ブラックホールが発見された銀河M－106（国立天文台）
（上）夏の夜空を流れる天の川（国立天文台）

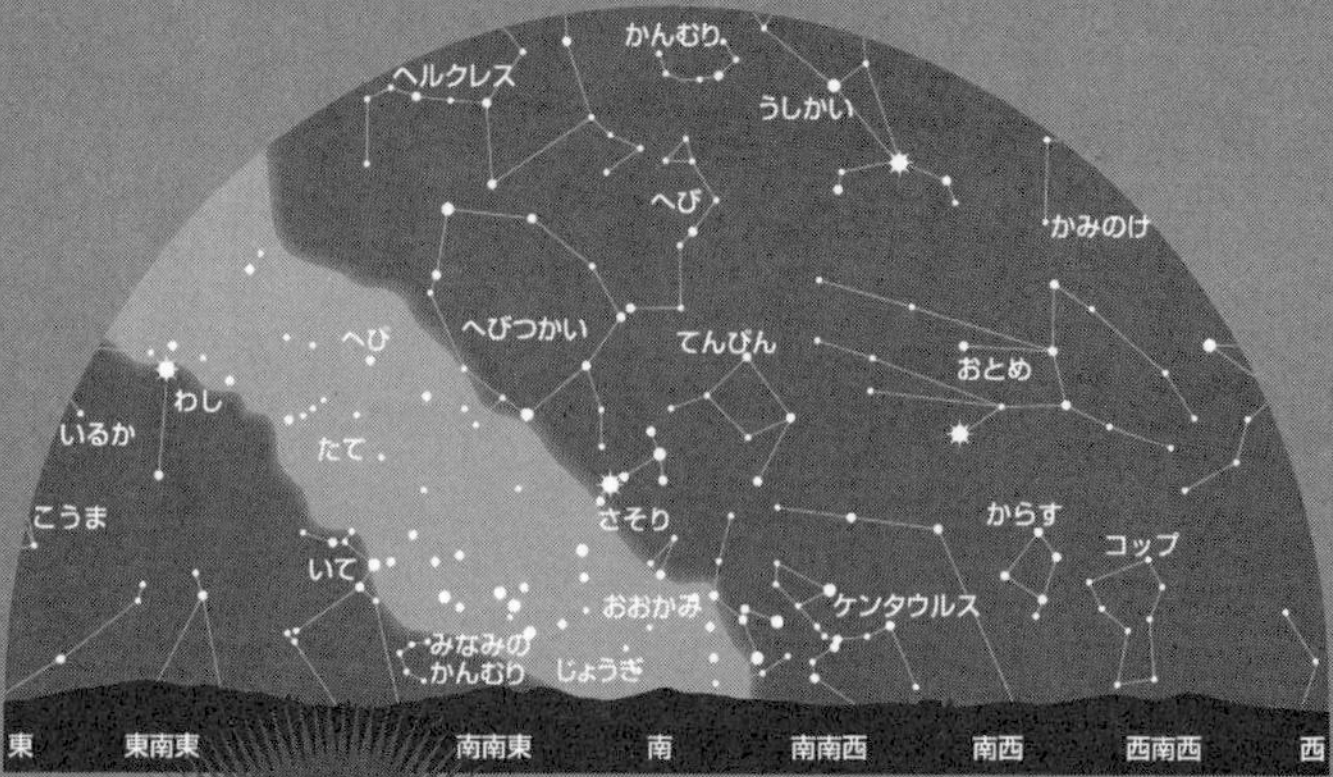


◉七月一日二十一時の星空

# 第3章 夏から初秋の星空

## 7月――宇宙の遠距離恋愛・七夕伝説

### 七夕の夜

夏の夜の夕涼み。蛍の飛びかう田舎の道を久しぶりに歩いてみると、見上げた夜空に輝く満天の星々。そして雲のように流れる天の川。その川をはさんでひときわ明るく輝くカップル・織姫《おりひめ》星と彦星。そんな夏の夜の星景色は、誰でも一度は目にしているのではないだろうか。

毎年、7月7日が近づくと、国立天文台広報普及室には、これら七夕の星が何時ごろ、どっちの方向に見えるのか、という問い合わせが多くなる。子供だけではなく、大人からの質問も少なくない。それほど七夕伝説は、数ある星の神話伝説の中でも、特に広く知られているということなのだろう。日本では星座の原型になっているギリシア神話よりも広く浸透しているかもしれない。

七夕の主役は織姫星と彦星。西洋名は、こと座のベガとわし座のアルタイル。どちらも1等星で明るく、都会でも時間と方向さえまちがえなければ、わりと簡単に見つけることができる。そして空の暗いところでは、二つの星を分かつように天の川が流れているのがわかるはずである。
彦星は、またの名を牽牛星《けんぎゅう》という。その名のとおり、天の川のほとりで、牛を飼いながら暮らしているまじめな青年であった。その働きぶりが「天帝」の目にとまり、自分の一人娘である織姫の婿《むこ》にと引き会わせてみた。天帝の思いどおり、二人はたちまち恋に落ちた。ところが、その後がいけなかった。どちらも恋に溺れて仕事をしなくなってしまったのだ。牽牛の飼っていた牛は死にかけ、織姫が生地を織ってつくっていた神々の服装は、次第にぼろぼろになっていった。怒った天帝は、二人を会うことができないよう、天の川の両岸に離ればなれにしてしまった。そのために織姫星は天の川の西岸に、彦星は東岸に輝いているわけだ。

ところが織姫は別れた牽牛が忘れられず、泣いてばかりの毎日となった。かわいそうに思った天帝は、これから二人ともまじめに働くという条件で、年に一度、七夕の夜にだけ会うのを許したのである。その後、まじめになった二人のため、七夕の夜になると、どこからともなくかささぎが飛んできて天の川に橋を架けるようになった。これが1年に一度の逢瀬《おうせ》、七夕伝説の基本的なパターンである。

さて、この宇宙の遠距離恋愛・七夕伝説は、いまでこそ日本人の常識のようになっているが、もともとの発祥の地は中国である。この話がいかに中国的あるいは大陸的であるか、少し考えてみると納得するだろう。なんといっても日本の川は狭い。たとえ川の両岸に離ればなれにさせられても、二人が会うための問題にはなりにくい。大井川のような制度的な場合を除けば、日本の川はそれほどの障害とは思われなかったはずである。かたや中国の川は半端ではない。下流ではほとんど湖のごとく対岸が遠く離れて霞んでいる。そんな大河を渡るのは簡単なことではない。黄河や揚子江のような大河を持つ中国だからこそ、このような伝説が生まれたのであろう。

ところで、七夕にちなんで寄せられる質問の中に「どっちがどっちへ会いに行くのか」というものがある。彦星が織姫星のもとへ行くのか、あるいは逆に織姫星が彦星のところへ向かうのか。あまり意味がない質問のようだが、まじめに考えると、けっこう奥が深い。

七夕伝説がつくられた当時の中国では、織姫星が天の川を西から東へ渡り、彦星へ会いに行くことが想定されている。なにしろ、七夕というのは言葉どおり、もともと旧暦の7月7日である。旧暦は月を基準にした暦なので、夜空には月齢7の、上弦よりもやや細身の月が天の川の西岸に輝いている。この月の形を素直に見ると舟の形に解釈できる。その舟が7日の夜には天の川の西岸にあり、翌日には東岸へと動いているわけである。まさに天の川の西岸に輝く織姫星を乗せ、天の川を渡る舟そのものではないだろうか。七夕伝説のデートの夜が、旧暦7日に設定されたのは、本来はどういう理由だったかわからないが、この月を舟に見立てたのではないだろうか。

一方、逆の説も日本ではありうる。七夕が日本に紹介された平安時代、『源氏物語』にもあるように男性が夜になると恋人の女性のもとへ通う、という夜這《よば》いの風習があった。これに従えば、男性である彦星が、天の川を渡って女性の織姫星のもとへ通うことになる。

それにしても天空の大河である天の川をはさんでの宇宙の遠距離恋愛はたいへんである。天文学が明らかにした二つの星の間の距離は15光年、すなわち光が15年もかかって届く距離だ。これは日常生活になじみの単位kmで表すと、なんと約150兆kmに相当する。とてもではないが1年に一度往復することは不可能だ。光速という壁を現代物理学が超えることができない限り、現実的にはむりであろう。

さらにいえば、1年に一度という頻度も、人間の感覚にするとずいぶん待ち遠しいものであるが、星にとってはなんでもない時間である。星の年齢は人間に比べれば永遠に思えるくらい長いからだ。彦星も織姫星も、天文学的にはやや若い青年期の星で、少なくともあと10億年以上は長生きすると考えられる。すると、地球人の時間で計った1年に一回の逢瀬は、星にとってはずいぶんと頻繁な計算となる。仮に10億年生きる星が1年ごとに会うとすると、100歳まで生きる人間にとっては、なんと3秒に一度ということになるわけだ。これでは、ほとんどいつもいっしょにいるのと同じである。この話は、真打ち落語家の柳家こゑん師匠が新作落語「七夕の恋の物語」にうまくまとめているので、ぜひ一度お聞きいただきたい。

### 彦星が織姫に贈った指輪

こんなふうに書いてしまうと、現代天文学がいかにも宇宙のロマンを失わせているように思えてしまうが、そうでもないことをつけ加えておかなくてはなるまい。天体望遠鏡を発明した人類は、それを駆使して肉眼では見えない天体を次々に発見してきた。そして、この織姫の近くに非常に奇妙で、美しい天体を発見したのである。それはまさに宇宙がつくりだした最高の芸術といえるほどすばらしいものであった。見事なまでの円形の雲で、その形から環状星雲とかリング星雲などと呼ばれている。フランスのメシエという天文学者によって編まれたカタログ（詳しくは176ページ参照）の57番目にも登録されているので、M（メシエ）57とも呼ばれている（233ページロ絵参照）。

天文学的にいえば、この天体は「惑星状星雲」と呼ばれる種類に属している。惑星状星雲とは、もともと天体望遠鏡で見ると惑星のように円盤状に見えたことから命名された名前なのだが、実際の惑星とはまったく無関係のガスが光っている星雲である。光を放ったために燃やしていた水素燃料がなくなり、老人の星となって死に絶えた星が、自分自身の星の外層を宇宙空間に放出したものだ。真ん中に残った星は、星の芯、つまり中心部分だけなので、高温で青白い色をしている。その星から放射される紫外線によって、まわりのガスが光っている。真ん中の星は、核融合反応を行っておらず、いわば余熱で光っている。だから、あとは数十億年という長い年月をかけて、次第に冷えていくだけである。白色わい星と呼ばれる星の亡骸《なきがら》である。太陽も、あと50億年もすれば、このような惑星状星雲を形づくるはずである。

このこと座のリング星雲は愛好家の中でも特に人気のある天体で、夏の観測会の定番である。ぽっかりと宇宙に浮かぶサークル型蛍光灯のようで、ほんとうにかわいらしい。筆者は、その美しさから、このリングはもしかすると織姫のしなやかな指にはめられた指輪なのではないかと思ってしまう。七夕伝説がつくられたころに、すでに望遠鏡があって、この星雲の存在が知られていたならば、まちがいなく彦星が織姫に贈った指輪とされていただろう。

**おめでたの織姫**

ところで1998年の春、織姫星が妊娠しているらしいというビッグ・ニュースが飛び込んできた。電波観測によって、織姫星のまわりに惑星をつくるもとになると思われる塵が大量に見つかったのである。星のまわりの塵は中心の星の光を浴びて暖められ、赤外線や電波を出す。塵が大量にあれば、光では見えなくても、赤外線や電波で観測すると星のまわりの塵が見えてくることがある。今回は波長1㎜以下のサブミリ波という電波によって、織姫星の妊娠が判明したのである。これらの円盤は、やがて長い年月をかけてなくなっていくはずだ。そして、その一部は衝突合体を繰り返し、織姫の子供、すなわち惑星になっていくと考えられる。

かつてわれわれ太陽系が若かったころには、この円盤と同じようなものを持っていたと考えられている。織姫星の年齢は3億5000万年。太陽は生まれてから46億年は経っているので、円盤はすでになくなり、その円盤があったと思われる平面上に、現在の9つの惑星があるわけだ。織姫はいったいどんな惑星たちを生み落とすのか、またそこにはたして生命は発生するのだろうか。そんなことを考えながら、織姫星の輝きを眺めてみるのもいいものである。

ところで、現在の暦での7月7日の晩に、これらの星を眺めるのはけっこう難しい。九州から東北までの平年の梅雨明けは7月中旬で、7月7日には日本の大部分の地域で梅雨が明けていないからである。

もともと七夕の行事は旧暦で考えられたものである。旧暦での7月7日は、現在の暦で

8月7日午後8時ごろの彦星と織姫星の位置

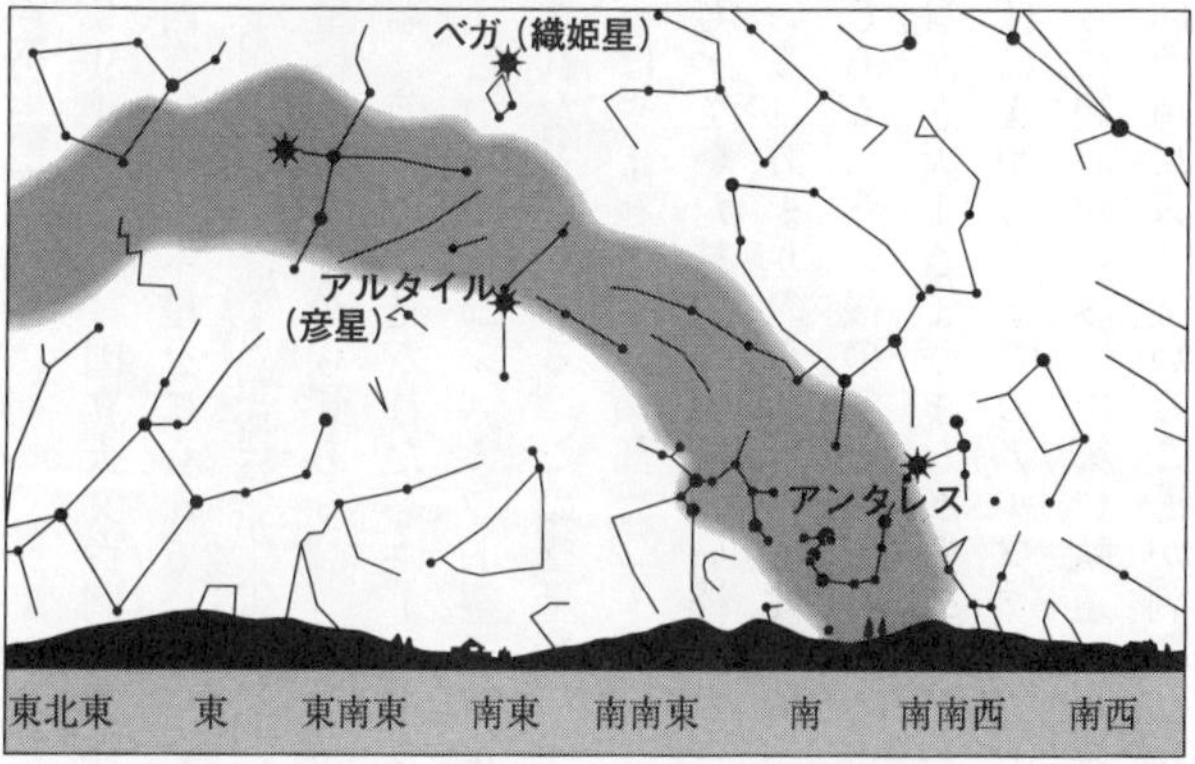


はおよそ8月上旬から中旬に相当し、もし旧暦を使っていれば、七夕時には梅雨が明け、天候が安定しているので、星を眺めながらの夕涼みには絶好となる。旧暦はすでに明治5年に廃止され、日本では公式の旧暦は存在しないが、現在でも天候や夏休みの関係から七夕を、旧暦を考慮したいわゆる月遅れの行事として、8月7日に行う地域も多い。8月上旬には、織姫星がほとんど頭の真上を通過するのは午後8時30分から9時ごろ。その時刻には、南東の方向、やや低いところに牽牛星が輝いている。

ちょうど夏休みでもあるので、子供といっしょに、あるいは家族で夜空を見上げてみてはどうだろうか。

## 彗星の木星衝突

１９９４年７月。国立天文台岡山天体物理観測所の口径１８８cm望遠鏡が、茜色に染まった西空に輝く木星をにらんでいた。いや、岡山だけではない。このとき、世界中のほとんど、ありとあらゆる望遠鏡が木星に向けられていた。ばらばらになった彗星の破片が次々と木星へ衝突するからである。

発端は前年に発見されたシューメーカー・レビー第9彗星（ＳＬ９）。アメリカ・パロマー山天文台の口径46cmシュミット望遠鏡によって、シューメーカー夫妻とレビー氏によって発見されたものである。この彗星は、当初からたいへん奇妙であった。通常の彗星というのは、ぼやーっとした頭部（コマと呼ばれる）と尾からなる姿をしているものだが、フィルム上に写っていた彗星像は細長い棒状のコマの集合体で、その全体から北方へ複雑な尾が伸びている。あまりの奇妙さに、彼らは「押しつぶされた彗星（squashed comet）」と表現したほどである。その後の各地の天文台の大望遠鏡による観測で、その棒状に見えていた部分に、なんと大小さまざまな20個あまりの核が一直線に並んでいることが判明した。それぞれの核はＡからＷまでのアルファベットによって識別されることになった。

さらに観測が進み、次第に軌道が正確に決まってくると、驚くべきことにＳＬ９は木星の周回軌道に入っていることが判明した。もともと短期間の間、一時的に惑星をめぐる軌道に入り込む彗星が存在することは予測されていたが、実例がみつかったのははじめてである。さらに発見の約8ヵ月ほど前に木星に約2万kmのところまで接近していたこともわかった。木星の重力は地球の約300倍もある。おそらく、その接近時にうけた木星からの重力の影響（潮汐力《ちょうせき》）によって、もともと一つだった彗星核が20個あまりの破片に分裂してしまったのだろうと考えられた。ハッブル宇宙望遠鏡などの観測から、破片の大きさは直径が1kmから5km程度と推定された。

ところが、さらに驚愕《きょうがく》すべき事実が明らかになった。日本のアマチュア天文家・中野主一氏らが行った軌道解析の結果、1994年7月にSL9は木星にぶつかってしまうことが明らかになったのである。その突入速度は秒速60km。ばらばらになった破片といっても、地球から望遠鏡で観測できるようなキロメートルサイズの天体だ。その衝突のエネルギーたるや、広島型原爆の1億倍とも10億倍とも推定された。このような大規模な天体衝突は、われわれ人類にとってははじめて経験する現象である。そのとき、木星にいったい何が起きるのか。木星の大気はどうなってしまうのか。世界中の天文学者や惑星科学者が固唾《かたず》をのんで木星を見つめていたのである。

筆者らのグループは、「衝突によってキノコ雲ができ、それによって巻き上げられた彗星の水が凝結し、木星の成層圏に氷の粒子の雲をつくる」との予測をすでに発表していた。

「この氷の粒子は反射率が高く、白い雲になる。木星のアンモニアの雲も同じような反射率なので、白い雲の上に白い雲が重なる格好になって、コントラストがつかず、おそらく可視光では区別がつかないだろう」と考えていた。「普通の望遠鏡では見えない」と予測したのである。そこでキノコ雲の熱や水の雲が検知できる赤外線による観測を日本最大の望遠鏡である岡山の188cm望遠鏡で行うことにした。同時に、隣にある91cm望遠鏡では衝突時に発せられる可視光の閃光をとらえるべく、準備をしていた。

SL9の核が衝突する場所は南緯44度付近、木星の中央から経度で西に98度から94度までの領域と計算された。地球でいえばオーストラリアのあたりになるが、経度的には明け方近くの裏側、すなわち衝突地点は地球からは直接見えない木星の裏側になることがわかった。幸い、衝突地点が木星の自転により地球を向くまでに10分とかからないものの、衝突の瞬間の閃光を直接見ることはできないので、岡山の91cm望遠鏡は、衛星を天然の鏡として利用し、それが閃光《せんこう》で光るのを観測しようとしていた。

SL9の衝突が始まったのは、日本時間で1994年7月17日であった。最初のA核の衝突はヨーロッパの各天文台で観測され、キノコ雲からの予想を超える近赤外線発光が観測されたこと、その明るさが衛星イオを超えたことなどがインターネットを通じて世界中の天文台に知らされた。A核は20個あまりの核の中でも小さなほうだったので、やがて夜がめぐってくるアメリカ・アジアの各天文台では期待がさらに高まっていった。

## 木星表面に出現した閃光

そして日本に夜がやってきた。岡山天体物理観測所に待機していたわれわれは、17日にはC核とD核の観測に成功した。D核は小さかったが、C核は観測装置の観測限界にまで達するほどであった。その翌日には最大級といわれるG核の衝突を迎えた。残念ながら衝突そのものは観測できなかったものの、その痕跡《こんせき》は近赤外線でも煌々《こうこう》と光っており、それまでのA核やC核とはケタちがいの明るさであった。そして、夜になると隣の91cm望遠鏡から、あわてた声で電話がかかってきた。

「渡部さん、たいへんです。こっちの望遠鏡で真っ黒な痕跡が見えています」

なんと可視光では何も見えないと思われていた衝突痕跡が、真っ黒な巨大な斑点として見えるというのである。ほぼ同時に、岡山の観測所のファックスもフル稼働していた。国内外の天文台から、小口径の望遠鏡でもはっきりと見える黒い斑点の出現を伝える報告が続々と入ってきたのだ。G核の巨大斑点の出現の報は世界中を飛びまわり、その詳細な画像はハッブル宇宙望遠鏡によって撮影された。

そして3日目、日本ではG核に並ぶ最大級の破片K核の観測を迎えていた。ドームの上からは瀬戸内海にかかる瀬戸大橋はもちろん、遠くに四国の山並みも見えている。ちょうど夕闇が下界をおおい始め、ちらほらと街灯りがともり始めていた。観測室では、本命に備え、ほぼメンバーの全員が集まっていた。

それまでの経験から、K核ほどの大きな破片だと、そのキノコ雲からの赤外線はカメラの測定限界を超えてしまうことは必定と思われた。そこで減光フィルターを入れることにした(後からわかったのだが、世界中で減光フィルターを用意していたのはわれわれだけであった)。しかも光度変化の全貌をつかむためには、明るさに応じて途中で減光フィルターを抜き差しする必要がある。これは実はたいへんな冒険であった。幸い、当時用いていた赤外線のカメラは、開発途中だったので密閉されていない部分があり、そこへ減光フィルターを入れることにした。

キノコ雲の明るさを見ながら、測定限界に達するかどうかを即座にN君が判定し、それを受けてフィルターの抜き差しをすることをM君とA君が担当することになった。彼らは観測装置に手が届くように昇降床を上げ、はやばやと準備していた。

観測は19時に始まった。画面にはガリレオ衛星のイオが見えている。木星表面上にもH核、E核、A核、C核の衝突痕が並んでいた。固唾《かたず》をのんで見守るなか、N君が木星表面上の異常に気づく。

「お、これかな？」

19時24分。まちがいない。すーっと明るくなったものの、すぐに減光して、ある程度の明るさで落ちついた。

「あれ、これだけかなぁ？」

H氏がつぶやく。意外に小さかったのかな、と思っていると、19時30分ごろから、その光点はみるみる増光を始めたのである。キノコ雲が立ち上がったのだ。

「お、おー。きたぞ、きたぞ！」

異変に気づいて、M君がトランシーバーでたずねてくる。

「フィルターはまだ入れなくていいですか？」

N君がすかさず明るさをチェックする。撮影してから、次の撮影までのほんの数秒の間にキノコ雲の明るさを調べる早業である。

「まだまだ。もう少し」

それでも1枚ごとに明るくなっていく。そして、ついに限界に達しようとしていた。フィルター挿入指令である。Y氏がドームに向かって叫ぶ。トランシーバーなど使っている余裕がなかった。

「10％フィルター！」

「はい、入れました！　オーケーです！」

それからの観測室はまるで戦場のような忙しさになった。コンピューター画面にリアルタイムで映し出される光の点はますます明るくなっていった。

「どんどん明るくなってる！」

まさか。N氏が2枚目のフィルター挿入指示を出した。10％のフィルターでも足りないときのために、さらに2％の減光フィルターを用意していたのだが、これを使うとは誰も思っていなかった。

「フィルター、2％に替えて！」

「はい。2％、替えました。オーケーです！」

「いったい、どこまで明るくなるんだ？」

「すごい！　もうイオの明るさを完全に超えている！」

「困ったな。これ以上明るくなったら、本当に観測不能になりますよ」

確かにもうこれ以上の減光フィルターは用意していなかった。これで限界になったら終わりである。しかし、19時38分ごろ、ようやく増光はとまり、急激な減光に転じた。キノコ雲は冷却して落下していったのである。

観測室は異常な興奮に包まれていた。時間にして20分ほどもなかったが、みんな、分担された仕事をきちっとこなしながら、それぞれに感動の言葉を口にしていた。そして、私も高鳴る動悸《どうき》と感動からくる体のふるえを抑えることができなかった。正直な話、もういつ死んでもいいと思った。なにしろ、1000年に一度、あるいは1万年に一度といわれるほど希有《けう》な現象である。天文学者として一生に一度こんなすごい現象に出会えれば何の悔いがあるだろうか。それが正直な思いだった。おそらく、これと同じ興奮を世界のあちこちの天文台でも味わっているにちがいなかった。

## 人類がはじめて目撃した彗星衝突

これらの衝突現象から得られた知見は膨大であった。なにしろ、人類がはじめて目撃した衝突現象である。キノコ雲は高さ3000㎞に達し、真っ黒な巨大痕跡は、地球をすっぽりとおおうほどの大きさになった。そして、衝撃波に伴う波の発生や、大気の変化も明らかになった。巨大な斑点をつくったのは衝突によってまき散らされた塵であるが、これが木星の成層圏に漂い、なんと2年後でもわずかに存在していることが判明した。

塵は大気への影響が大きい。衝突直後は高温のキノコ雲の影響から、成層圏では温度が急上昇したが、その後はゆっくりと下降していき、1週間後には衝突前の温度よりも低くなってしまった。この大気の冷却は塵のせいである。衝突痕跡をなしている塵は、赤外線を効率よく放射する。この放射冷却によって効率的にまわりの大気からどんどん熱を奪っていく。いわば車のラジエーターのような役割をして、周囲の大気温度を下げているのである。また、木星の場合には、太陽の熱を受け取りそれを再放射するだけでなく、自分自身でも太陽から受けるのと同じ程度に発熱しているので、それだけの木星を冷やすのはかなりの効率的な冷却メカニズムのはずである。

ところで、こういった現象が地球に起きた場合、塵はもっと深刻な結果をもたらすはずである。木星の場合には、太陽からの熱を受け取るだけではなく、自分自身も発熱しているため、両者はほとんど同じ程度の熱量である。したがって塵による太陽光の遮蔽《しゃへい》は、それほど問題にはならない。地球にとって、まき散らされた塵がもたらす最大の効果は、太陽光の遮蔽である。木星の場合と異なり、地球の場合には太陽照射のみがほとんど唯一の熱源といってもよい。木星に比べて、全地球的に温度が急速に下がっていくにちがいない。また、実際に巻き上げられる塵の量は、SL9の木星衝突に比べてもケタちがいに多い。なにしろ、固体部分にクレーターをつくり、地殻をけずり取って巻き上げる塵が多いからだ。核の冬どころではないはずだ。

もちろん、地球の場合は的が小さく、こういった衝突が起きる頻度は木星に比べてずいぶんと小さい。しかしながら、小天体の地球へのニアミスは常に起きている。実際、65

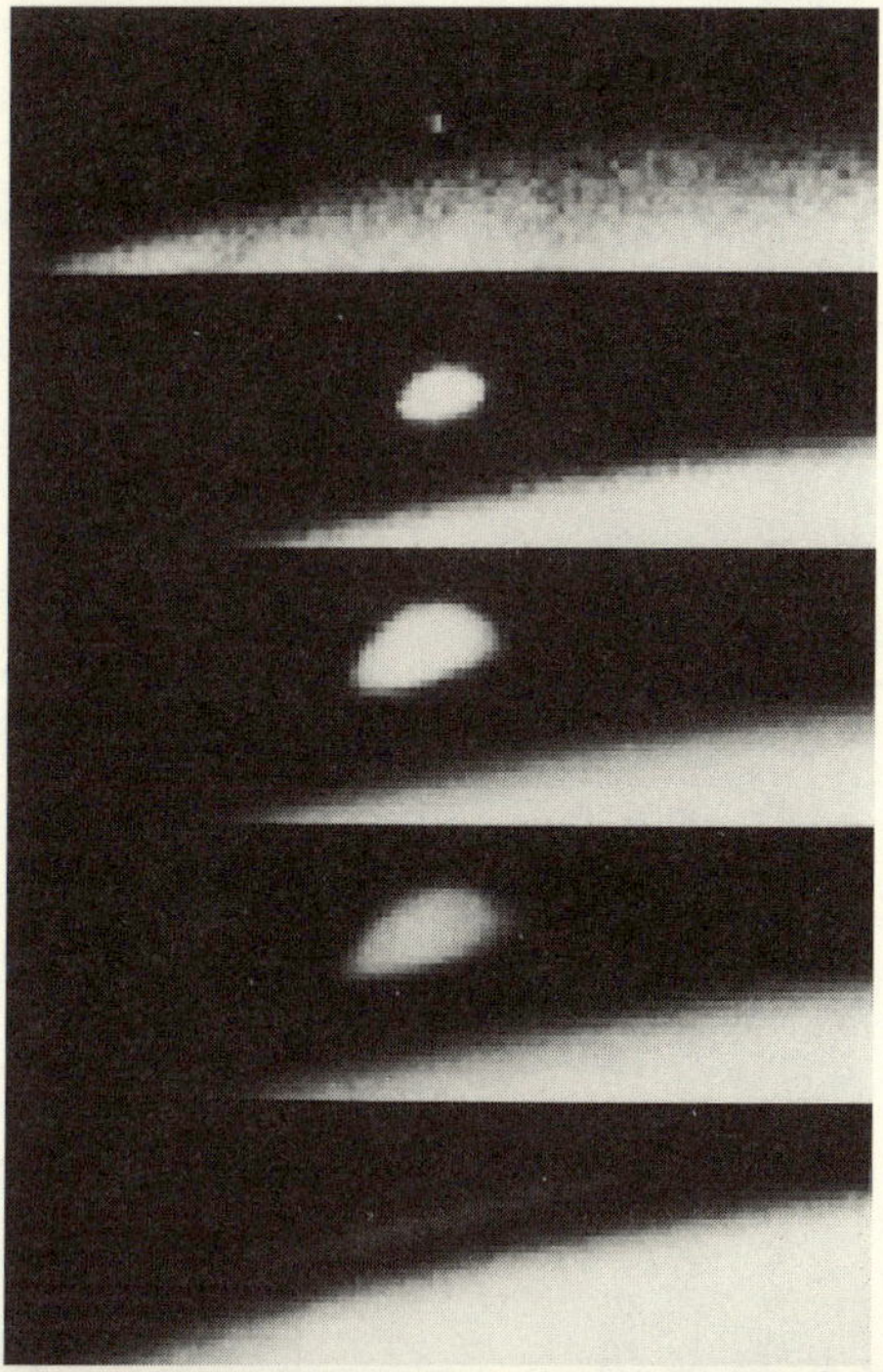

(上)シューメーカー・レビー第９彗星のＧ核が衝突した後に立ち上がったキノコ雲の時間変化。高さは300kmもあった（ハッブル宇宙望遠鏡）
(下)衝突による痕跡。地球ほどもある大きな痕跡が二つも見えている
(国立天文台乗鞍コロナ観測所にて、福島英雄氏撮影)

00万年前には大規模衝突があって、そのために恐竜が滅んだといわれている。地球のあちこちにクレーターも残されている。地球への彗星の衝突は3300万～6600万年に一度、大きさ数㎞以上の小惑星が地球に衝突する確率は約40万年に一度という。1994年のSL9の木星衝突はけっして対岸の火事ではない。

## 8月——夜空を飾る星花火・ペルセウス座流星群

### ペルセウス座流星群

夏も真っ盛りになるころ、各地で夏祭りが開かれて、夜空は色とりどりの花火で彩られる。そして天文ファンも、8月半ばには宇宙の夏祭りを迎える。たくさんの流れ星が、まるで星花火のように夜空を飾るのだ。その名はペルセウス座流星群。空が暗いところでは1時間に50個もの流れ星を数えることができる。

最近のしし座流星群の騒動以来、流星群はずいぶんとポピュラーになったようである。1999年には『ペルセウス座流星群』というタイトルの小説さえ、発表されているほどだ。だから、みなさんにあらためて解説する必要はないかもしれないが、念のために流れ星の正体から紹介しておくこととしよう。

そもそも流れ星というのは夜空に浮かぶ星とは異なり、地球の大気に小さな塵粒が突入して光るものである。地球は秒速30㎞という猛スピードで宇宙空間を動いている。なおかつ相手の塵粒もそれなりの速度を持っているので、突入してくる相対速度は半端ではない。速いものでは秒速70㎞にも達する。そのために、大気の濃くなる場所、だいたい地上からの高さが100㎞程度の場所で、塵粒が大気との摩擦《まさつ》で高温になり、あっという間に融けてしまうのである。その燃えつきるときの光を、われわれは流れ星として見ているのである。

塵粒の大きさはせいぜい1㎜から1㎝程度。ほんの小さな宇宙の埃《ほこり》のようなものである。それでも一瞬の輝きで静かな夜空を華やかに飾ってくれる。これほどドラマチックに夜空を演出してくれるものはないだろう。その輝いている時間は、ごくわずかで、長くてもせいぜい数秒たらずだ。はかないものである。が、そのわずかな時間の中で赤、黄、青とさまざまな色あいを見せ、煙のような尾を引くものもあれば、最後には派手に破裂するものさえある。

そんな流れ星に人々は昔からさまざまな意味づけをしてきた。ギリシアでは天上界の光が戸口からもれたものであると考えていた。キリスト教流布以降は、人の魂が神に召されるときに現れると解釈され、有名なアンデルセンの童話『マッチ売りの少女』では、長い尾を引く流れ星を見ながら、それが自分とは知らずに、誰かが死んだ、とつぶやく悲しい場面がある。アメリカの先住民にも、流星が病気や死を意味するもの、あるいはそれらの危険を知らしめるものとして語り継がれていた。中国でも偉人の死に結びつけられた例があり、『三国志』では司馬仲達が、蜀《しょく》の陣地に真っ赤な流星が落ちたのを見て、諸葛孔明《しょかつこうめい》が死んだのを知ったとされている。

ところが、日本の流星に対する考えかたは、こういった国々とはかなりちがっている。なにしろ「婚《よば》い星」という和名があるほどで、「流星の飛ぶや　蕩子の女家に就くが如きあり」と記されている（『倭名抄』）。すなわち男性が女性の家に夜な夜な通う「夜這い」にたとえられてきたのだ。平安時代の『枕草子』には「星はすばる。彦星。夕筒（宵の明星）。よばひ星（流れ星）、すこしをかし」などと歌われている。静岡では流星を「星の嫁入り」といい、他の星に嫁入りするものと考え、星が流れるのをヨメッタといっていたらしい。おもしろいことにまったく逆のとらえ方をしている地方もあって、富山では「インキリボシ（縁切り星）」といっていたそうである。また、落ち星、抜け星、あるいは鳥の雉《きじ》にみたてた「キジボシ」というういいかたもあったらしい。

さらに誰もが知っている日本の有名な伝承として、流星が消えるまでの間に願いごとを三度唱えるとかなう、というものがある。北原白秋がそれらの伝承童話を集めているが、福岡では「色白、髪黒、髪長」、宮城では「金星《かねぼし》、金星……」という唱え言葉が収集されている。こういった言葉からは、死に絡んだ暗いイメージはまったく感じられない。もしかすると、日本では流れ星が人の死と結びついたような意味ではそれほど用いられてこなかったのかもしれない。このあたりを民俗学の見地で調べてみるとおもしろいだろう。

ところで流星になる塵粒は、もともとは主に彗星からまき散らされたものである。彗星は汚れた雪玉といわれるように塵粒をたくさん含んでいて、太陽熱によって氷の塊が融けていくと同時にたくさんの塵粒を宇宙空間へ吐き出す。こういった塵粒は、母親である彗星の通り道(軌道)を同じように動いていく。いわば塵粒の見えない川の流れが宇宙の所々にあるわけだ。その川が、たまたま地球の軌道と交差している場合、その場所を地球が通過する日時に、たくさんの塵粒が降ってきて、流星の群れになる。これこそが流星群なのである。

流星群の塵粒は、ほぼ同一の空間運動(速度や方向)をもちながら群れをなしている。群れの中に地球がさしかかった場合、多数の流星が天球上のある一点(放射点)から放射状に流れ出るように見える。平行に突入してくる流星の軌跡を逆に延長すると、一種の遠近法により、ある一点に収束するように見えるからである。ちょうど、鉄道の線路に立ってみると、2本のレールが遠くで一点に交わるように見えるのと同じである。

天文学では伝統的に、その放射点が存在する星座名をとって、○○座流星群と呼ぶことになっている。すなわち、8月中旬に現れるペルセウス座流星群は、その放射点がペルセウス座にあることを意味している。ただ、名称に母彗星の名前のほうが優先する場合もあり、10月のジャコビニ流星群は、りゅう座流星群という呼び名よりも広く浸透している。

流星群に属する流れ星の出現数は、その流星群によってさまざまである。塵粒の川の幅や、塵粒の流量、あるいは地球と川との接近具合など、さまざまな要因によって、その流星の出現数が決まる。さらには当然のことながら、眺める側の条件次第でも見える数は変化する。星がよく見えないような場所では流れ星も見えない。月明かりや天候状況、視界の広さ、それに注目する流星群の放射点の高度などの条件の差が大きく影響するからだ。たとえば3等星しか見えない空のもとで流星を観測するのと、6等星まで見える空のもとで数えた流星数はまったく違ってくるし、放射点の高度が低ければ低いほど、眺めている空に飛び込んでくる流星の数は減ってしまう。

実は、ほとんど毎夜なんらかの流星群が出現している。もちろん、その大部分は出現数が少ない、いわば枯れた川のような流星群である。こういった小流星群は、通常は天文フアンでも気がつかないほどだ。

## 流星群の王者

そんな多くの流星群があるうち、一般の人も楽しめるのが三大流星群である。1月のしぶんぎ座流星群、12月のふたご座流星群、そしてこの8月の星花火・ペルセウス座流星群である。どれも1時間あたり数十個と数が多く、しかも毎年必ず出現するものだ。

なかでも最も安心しておすすめできるのがペルセウス座流星群であろう。川の幅の広さといい、流量といい、申し分のないものである。川幅が広いことは、活動期間が長くなることにつながる。8月のはじめごろから20日ごろまでの長期間にわたって、この流星群に属する流星が見られるのである。また、その流量も半端ではない。極大すなわち地球が川の中心に最も近づくのは、毎年8月12日から13日ごろであるが、このころには理想的な条件下で1時間あたり50個は楽に数えることができる。しかも流量は毎年ほとんど変わらない。

さらにいえば見る側の都合もいい。夏休みも真っ盛りに出現すること、特に北半球で見やすい流星群であること、速度が速くて明るい流星が多く、出現した後に痕《こん》を残したり、末端で爆発したりすることもままあり、流れ星としては非常に派手な印象を与えている。

流星群の中では王者といえるだろう。

この流星群の歴史は古く、中国では紀元前にそれらしい記録がある。ヨーロッパでは古くからアイルランドで「セント・ローレンスの涙」と呼ばれていた。ローレンスというのは人名で、当時は異端とされていたキリスト教の布教を行ったため、焼き殺された殉教者である。殺された期日が258年8月10日で、ちょうどペルセウス座流星群がこの日の前後に見られることから、彼の名前にちなんで命名されたものである。1866年にイタリアの天文学者スキヤパレリが、ペルセウス座流星群といういいかたをはじめて用いた。彼は、この流星群と当時出現したスイフト・タットル彗星の軌道の類似性を指摘し、彗星と流星をはじめて結びつけた人だ。1991年から1993年にかけては、この母彗星であるスイフト・タットル彗星が135年ぶりに戻ってきたこともあり、一時的に数が増えたものの、最近では再び定常的な活動に戻っている。

いずれにしろ、月明かりがあってもある程度楽しめる流星群として、また天文同好会やクラブの流星の観測入門としては格好の対象であり、天文ファンの中でこの流星群を見ない人はいないほどである。

ペルセウス座は秋の星座なので、放射点が上ってくるのは22時過ぎとなる。北東の空からになるので、意外に早い時間帯にも流星が見られるが、観測好機は明け方である。ペルセウス座流星群の流れ星を見ていると、夏の短い夜があっという間に白み始めてしまい、もっと見たいなぁと思うこともしばしばである。

**初すばる**

意外に思うかもしれないが、夜間の観測にたずさわる天文学者は、その観測中にじっくりと空を見上げる余裕はない。昔とちがって、望遠鏡をのぞいて星を見ることはほとんど皆無だからである。観測の間は制御室の中でひたすらコンピューターのディスプレイを眺めているほうが多いのである。ただ、観測が終わり、ほっとして引き上げるようなときに、ようやく星空を見上げる時間ができる。一仕事を終えた精神的な余裕もあるせいか、そんなときには、ふとその時々の星々に季節感を感じることがあるものだ。

とりわけ夏の夜は短い。あっという間に観測が終わってしまい、後始末をしているうちに、いつの間にか空が白々としてくることもままある。そんな短い夏の夜の観測が終わるころ、東の空を見ると、すでに冬の星座たちが上ってきている。なかでも筆者が季節感を感じるのは、おうし座の有名な散開星団・すばるである。この星たちが明け方の東の空に上っているのを見ると、少しばかりうれしくなると同時に、もうすぐ夏真っ盛りだなぁと移ろいゆく季節を思うのである。

東の空に上るすばるを、その年のいちばん最初に見つけることを「初すばる」といっている。「初すばる」の時期は、人によっても差があるが、だいたい梅雨のころから夏休みにかけてである。観測をあまりしない年だとペルセウス座流星群のころ、という場合もある。すばるはペルセウス座の星の並びの先にあるので、ペルセウス座流星群を見に行けば、誰でもかならず「初すばる」を拝むことになる。いずれにしろ観測をする天文学者にとっては、いわば夏の本格的な到来を告げるものである。冬の星々が夏の始まりというのも、なかなか一般の人の感覚には合わないかもしれない。

**日本が誇る「すばる」望遠鏡**

今や「すばる」は日本が誇る宇宙の探求の最先端装置にも命名されている。国立天文台がハワイ島の山頂に建設した世界最大級の口径8・2m反射望遠鏡のニックネームにもなっているのである。

筆者が天文学を志し、その道に足を踏み入れたころのこと。日本の天文学者の間では次期大型望遠鏡構想で激しい議論が起こっていた。当時、日本で最も大きな望遠鏡は国立天文台岡山天体物理観測所にあった口径188cm反射望遠鏡であった。この望遠鏡が完成したのは1960年、ちょうど筆者が生まれた年である。日本の天文学者の当時の悲願として完成したこの望遠鏡は、イギリスのグラッブ社製で、パロマー山の5m、ハミルトン山の3m、ウイルソン山の2・6m、マクドナルド天文台の2mに次ぐ、世界第5位の大きさを誇っていた。それまで口径1m以下の望遠鏡に甘んじてきた日本の天文学者は、この望遠鏡を使って、はくちょう座X—1（X線を放射する天体）を世界ではじめて光学的に同定したり、低温度星と呼ばれる特殊な星の炭素の量を測定したり、前述した彗星の木星衝突の際のキノコ雲の赤外線をとらえたりと、数々の華々しい成果を上げてきた。日本の観測天文学は、この望遠鏡によって世界の第一線と並んだのである。その後も、電波天文学では長野県の野辺山に直径45mのパラボラアンテナが完成したり、日本のX線天文衛星が太陽や銀河、ブラックホールなどの新たな宇宙像を次々と明らかにしてきた。

しかしながら、光学望遠鏡は1960年当時の188cm望遠鏡のままであった。そろそろ次の大型望遠鏡を、という話が日本の天文学者の間で始まったのが1980年代。すでに口径188cm望遠鏡の順位も世界第26位に下落、1989年には中国・北京天文台に口径216cmの天体望遠鏡が完成し、ついに「東洋一」の座からも滑り落ちることになった。もちろん、口径が小さくても天文学の研究にとっては欠かせない存在であるのは確かであるが、世界の最先端を維持するには非力であるのは、誰の目にも明らかになっていった。

「新しく大型の天体望遠鏡をつくりたい」

こうして新たな日本の天文学者の悲願が生まれたのである。

そのころ、若き天文学者たちが新しい望遠鏡計画について熱い議論を戦わせていた。あくまで、まずは国内に設置しようとするグループと、せっかく大型望遠鏡をつくるのだから、海外の天文学的に最適な場所につくろうという国外設置を目指すグループに分かれ、それぞれの可能性を探っていたのである。しかし、前者の意見は次第に小さくなっていった。すでにヨーロッパ諸国でも、大型望遠鏡は自国内ではなく観測条件のいい海外に設置する例が増えていた。日本の晴天率や観測条件はきわめて悪く、さらにいえば国内はいわゆる光害もひどくなりつつあり、大型望遠鏡を日本に設置しても、むだになる可能性がかなり高かったからである。海外の各地の適当な場所を探していく作業が始まり、候補地は台湾やチベットなども挙げられたものの、政情や国情、観測条件、それに日本からの距離などを比較検討した結果、最終的にハワイ島マウナケア山頂にしぼられていった。

マウナケア山は標高4200mという高山で、大海原の真っただ中に孤立しているために、大気の流れが安定していて、世界的に見ても天体観測に非常に適した場所である。晴天率も高く、光害もほとんどなく、赤外線の観測にとってじゃまとなる湿度も低く、大気の透明度も高い。大気の乱れが小さいために、星の像がぼけてしまうこともない。天文学では星の像の揺らぎ具合をシーイングと呼ぶが、日本でのシーイングに比べて平均で10倍もいい。大型天体望遠鏡を建設するには最適の場所であった。さらに条例によって屋外照明が低圧ナトリウムランプに限られており、将来の光害の増加も抑えられている。すでに70年代から80年代にかけて、カナダ、フランス、イギリス等の望遠鏡も続々と進出してきていて、われわれとしては仲間がいる安心感もあった。しかも地元ハワイ、特にヒロ市は日系移民も多く、日本の望遠鏡がくることに対しての歓迎ムードも強かった。

こうして、設置場所も決まり、天文学コミュニティも海外設置で意見が一致し、予算請求が始まり、ついに日本の大型望遠鏡計画（JNLT＝Japanese National Large Telescope）が始まった。1991年、岡山の188cm望遠鏡の世界順位は、すでに第36位にまで下落していたときのことである。

## 超ハイテク大望遠鏡の誕生

さっそく、山頂では地盤改良から工事が始まり、望遠鏡の命ともいうべき主鏡もアメリカの会社で製作が始まった。総予算約380億円、9年計画の大プロジェクトである。

ところで望遠鏡計画が始まるとすぐに愛称を決めようという話になった。JNLTという略称は発音しにくいということで、日本だけでなく海外でも評判が悪かったからである。愛称を一般公募し、全国から集まった約3500もの案の中から、愛称決定委員会で決定したのが「すばる」である。実は、この名前は投票順位からいうと第1位だったわけではない。トップを集めたのは「ビッグ・アイ」だったが、これはパロマー山の5mのニックネームとしてすでに世界中に通用しているものであった。第2位が「ぎんが」だったが、当時活躍していた文部省宇宙科学研究所のX線衛星に同じ名称がつけられていたのである。他の装置につけられた名前を重複してつけるのはまずかった。そのため第3位の「すばる」に決まったのである。日本でも古くから親しまれていた星の集まりであるおうし座の散開星団（プレアデス星団、M45）の和名であること、『枕草子』にも星の中で最も美しいものとして紹介され、国内外に知名度も抜群であったので、第3位ながらすんなりと決まった。

そして国立天文台内にも「すばるプロジェクト室」が誕生した。当初はすばるプロジェクト室宛の郵便物が、同じ市内にある同名の自動車メーカーF社に届いてしまう混乱もあったものの、建設は順調にすすんでいった。

望遠鏡の心臓部はなんといっても光を集める鏡である。直径8・2mの主鏡は熱による膨張収縮を極力抑えるために超低膨張ガラス材というのを用いている。まずは約1・3mの大きさの六角形のガラス材を44枚並べ、一度溶かして融合することで直径8・2mの主鏡をつくる。材料に不均一があったり、急激に冷やしたりするとガラス材が割れるので、この作業だけでじつに3年半も費やした。

できあがった鏡は、1994年夏にピッツバーグの研磨メーカーであるコントラベス社に持ち込まれ、鏡面の検査を行いながら、表面のでこぼこを修正していくという方法で、研磨を繰り返し、最終的には表面は12ナノメートル、鏡を関東平野に広げた場合でも、その表面が0・12㎜の凹凸までならされているような平滑度を実現し、1998年秋にマウナケアに向けて梱包《こんぽう》、搬送《はんそう》された。搬入された鏡は真空蒸着という方法で表面にアルミニウムの膜を張り、文字通りの「鏡」として、望遠鏡本体に組み込まれた。

もちろん、直径8mもある鏡はあまりに大きいので、望遠鏡の向きによって微妙にたわみ、その性能を発揮できなくなる。そのため鏡の背面には261本の鏡を支えるアクチュエーター（力を加減できる押し引き機構）を配し、鏡面の形状が常に最適に保たれる工夫をし、100㎞離れた5円玉の穴を見分けられるほどの分解能を実現した。

望遠鏡全体の重さは500t、望遠鏡全体を包んで雨風から守る建物（ドーム）の地上高は43m、直径も40m、総重量は1500tもある。これを支え、精密に方向を制御する部分には、日本得意のリニアモーターも使われている。ハイテク大望遠鏡の出現である。

そして1998年12月24日、据えつけられた鏡を通して星の光がはじめてすばる望遠鏡に導入された。いわゆるファースト・ライトの瞬間である。その目がついに宇宙に向かって開いたのである。その後、細かな調整が続けられ、1999年に入ると、天体の画像が撮影できるようになった。これらの初期に撮影された天体の画像の数々は1999年1月29日の記者会見で発表された。1999年9月17日には、秋篠宮《あきしののみや》様をお迎えしての開所式も行われた。皇族がくることに対して、われわれ天文学者よりも地元の日系人の歓迎のほうが熱烈であったと聞いている。

すばる望遠鏡は共同利用といって全国、全世界の研究者が競って時間を確保し、観測を行い、現在、本格的な運用を開始している。

すばる望遠鏡の特徴は、なんといってもその大きさである。8・2mの口径は単一鏡を採用した望遠鏡としては世界最大。あのハッブル宇宙望遠鏡（口径2・4m）に比べても、遠くのかすかな光を集める能力が優れているのはいうまでもない。いままで暗すぎて見えなかった宇宙の遥かかなたの様子や、太陽系の果てのかすかな小天体を数多くとらえられると期待されている。さらに、いままでは星の光がじゃまになって見つからなかった他の恒星のまわりをまわっている未知の惑星を見つけようという野心的な計画も始まっている。こういった天体が続々と見つかってくれば、われわれの宇宙の歴史の始まりのころに何が起きていたのか、太陽系ができるときにはどんなことが起きていたのか、あるいは地球のような惑星はこの宇宙にどの程度あるのか、といった謎が解明されていくことだろう。日本もいよいよ宇宙の解明という分野でも世界的な役割を果たすときがきたのである。

(上)完成したすばる望遠鏡
(下)各国の天文台がひしめきあうハワイ島マウナケア山山頂風景。手前の銀色に輝くドームがすばる望遠鏡

## 火星大接近

火星は地球のすぐ外側をまわる惑星で、地球とは約2年2ヵ月ごとに接近を繰り返している。ところが火星の軌道はかなりゆがんでいるため、接近する時期によって、その距離がずいぶんと異なる。冬に近づく場合には、接近といっても1億km以上も離れていて、それほど明るくはならない。これに対して、夏の場合には接近距離が冬の半分ほど、約5000万kmの大接近となって、全天でも金星に次ぐ明るさの天体になる。距離が半分になるから、単純にいっても明るさは小接近の4倍にもなるのだ。

そのために大接近時の火星は、とても目立つ。不気味なほど赤い色に加えて、めまぐるしく動きまわるために、昔からあまりいい印象を持たれていなかった。中国では「熒惑《けいごく》」と呼ばれ、その色をもって世を惑わせる凶星と考えられていた。ギリシア神話でも、やはり災いをもたらす軍神マースの名前が与えられている。大接近前後の火星は夏の星座の中を動いていくわけだが、ちょうどさそり座には火星と同じように赤い1等星があり、火星と並んで輝きを競うことから、火星に敵対する「アンチ・マース」という意味の言葉が語源になり、アンタレスという名前がつけられているほどである。

日本では中国の名前を借用していたが、「夏日星」あるいは「夏火星」などという和名も

火星とアンタレスの位置

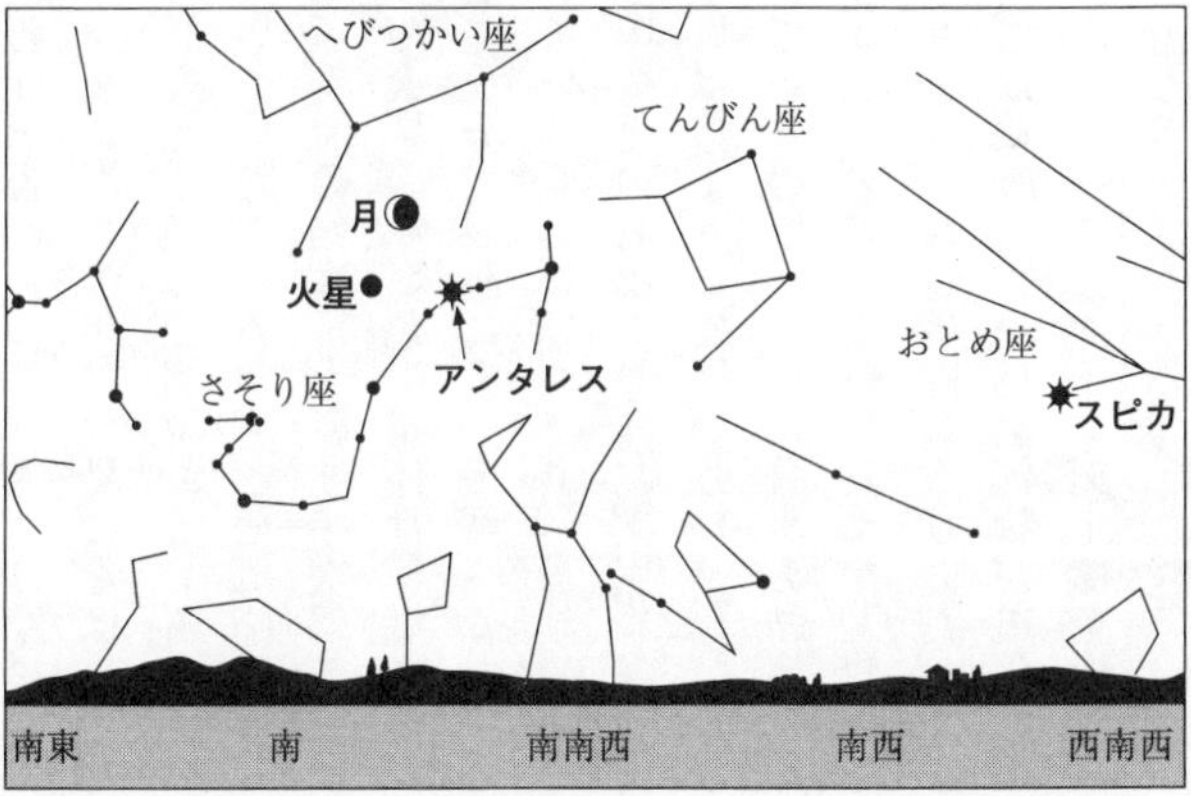


アンタレスに近づく火星。2002年7月30日の午後8時ごろには月も近づく

早くから使われていた。火星の大接近は夏に起こるうえ、その色がまるで火のように見えたことからつけられたのであろう。大阪の藤井寺市にある道明寺には、聖徳太子伝説が伝わっているが、そのなかでも「あまの原南にすめる夏火星、豊聡にとへよもの草とも」という短歌がうたわれている。南に住めるというのは、夏の大接近のころ、火星は南の空低い黄道(惑星や太陽の通り道)付近をうろつくことをよく表している。ちなみに、豊聡とは聖徳太子の別名である。

さらに火星は幕末にも大活躍している。ちょうど西南戦争が起こった明治10年、火星は9月3日に地球に大接近した。その距離は5700万kmを割り込み、明るさはマイナス3等に達した。当時、西南戦争は西郷隆盛の死で終わりを告げたので、人々は空に赤く輝く火星を「西郷星」と呼ぶようになったわけである。また、この年は火星のそばに、たまたま土星が輝いていた。土星の明るさは火星ほどではなく、さほど目立たないものではあったが、たまたま西郷星につかず離れずまとわりついていたところから、西郷隆盛とともに征韓論に敗れ、ともに下野した側近の一人、薩摩示現流の剣客・人斬り半次郎こと桐野利秋にちなんで「桐野星」とも呼ばれた。

この火星の赤い色の正体は、探査機が行く前からかなりのことがわかっていた。表面の反射光を分光観測によって調べると、どうも鉄酸化物に似た物質（詳しくいうと褐鉄鉱《かってっこう》）が含まれているらしい。つまり、赤錆《あかさび》のようなものといわれていたのである。

私の郷里の名山・会津磐梯山から流れ出る川に酸川《すかわ》という川がある。火山爆発のせいか、あるいはあまりに酸性が強いせいだろうか、川の色が赤っぽくなっている。鉄分が多く含まれているので、それが酸素と結合して赤錆となっている。火星の表面をおおう物質もこのようなものではないだろうかと想像されていた。

1970年代に着陸に成功したバイキング探査機の化学分析の結果では、実際、火星の表面では鉄酸化物や粘土鉱物が風化していることが判明した。1997年に着陸に成功したマーズ・パスファインダー探査機から送られてきた荒涼たる赤茶けた風景に目を奪われた読者も多いだろう。

おもしろいことにバイキング1号、2号、それにマーズ・パスファインダーともに土壌分析の結果は、ほとんど同じであった。これはとても不思議なことであった。バイキング1号がクリュセ平原、2号がユートピア平原、パスファインダーがアレス谷とそれぞれ数千kmも離れた別々の場所に着陸したのにもかかわらず、である。火星には薄いながらも大気があって、その大気がしばしば荒れ狂い、火星全面をおおうほどの大規模な砂嵐を引き起こす。その砂嵐によって風化した砂があちこちに運ばれ、ばらまかれるために、表層の物質が同じになっているようである。

**火星はかつて緑の惑星だった?**

ところで赤みが少ない地域、望遠鏡で見ると濃い緑色に見える地域もある。その色のために、かつては植物説も唱えられたこともあった。実際、季節によって濃くなったり薄くなったり、あるいは極端な場合には場所が移動したりするのが観測された。たとえば、1973年砂嵐発生時には、それまで緑色だった地域が赤く明るく見え始め、現在もそのままの状態が続いている。このように地球からもわかるほどの模様の変化は、やはり砂嵐のときに起きることが多い。おそらく嵐によってまき散らされた赤い色の砂が、その下の暗い地面を隠してしまうのだろう。つまり、明るい部分は砂嵐によってまきあげられた赤い塵や埃が堆積したところであり、暗い場所はあまり堆積を受けず、もともとの地面が顔を出している部分と考えられる。この部分は緑色の岩石でできていて、どうもあまり風化していない新鮮な玄武岩台地のようである。すなわち、火星はできたてのころ、風化する前には緑の惑星だった可能性もある。

いずれにしろ、火星がかつて水があった緑の惑星だったとすれば、生命が誕生していた可能性は否定できない。21世紀、再び火星探査は熱を帯びてくる。アメリカは、パスファインダー、グローバル・サーベイヤーに続き、マーズ・クライメイト・オービター、マーズ・サーベイヤー2001と、次々に探査機を火星へ送り込んでいる。とりわけ、マーズ・ポーラーランダーは、いままでの探査機がすべて火星の乾燥している高地に着陸していることを反省し、比較的水の多い極地方に着陸し、生命探査を行う予定であったが、残念ながら軟着陸に失敗してしまった。

日本でも、計画がやや遅れてしまったが、はじめての火星探査機「のぞみ」が火星へと向かっており、2003年ごろには火星に到着する。これらの探査機によって、想像力を掻き立てられるような発見を期待したいものである。

マーズ・パスファインダーが撮影した火星表面（NASA）

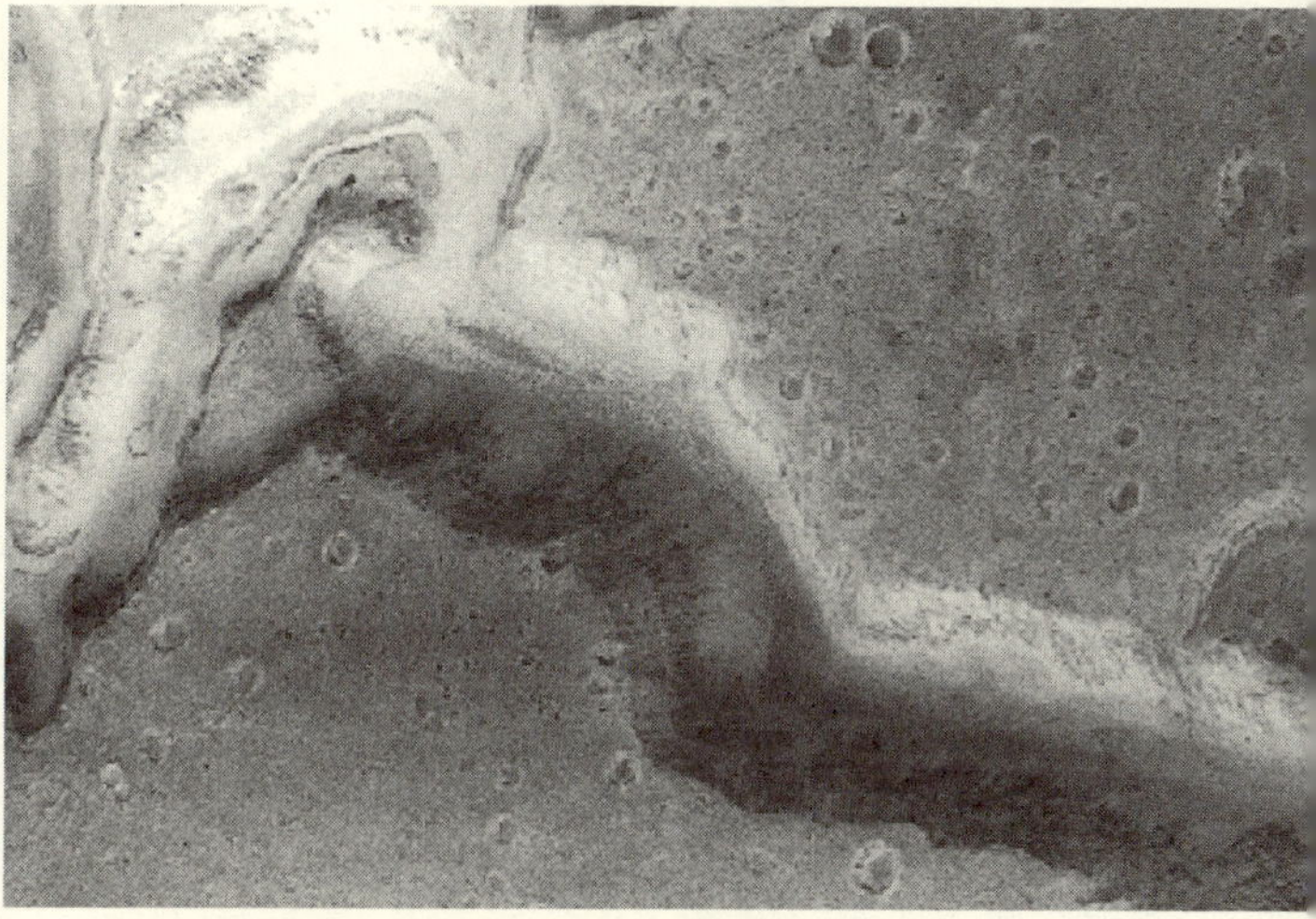
マーズ・グローバル・サーベイヤーが撮影した、火星表面の水が流れたような谷。幅が2.5km、長さは100kmにもおよぶ（NASA）

# 9月——孤高に輝くみなみの一つ星

## みなみの一つ星

真夏の喧噪《けんそう》が過ぎ去り、風もやや涼しさをはらむようになってくると、見上げる夜空のほうも、それらしく寂しくなってくる。織姫・彦星をはじめ、天の川の両岸に1等星が四つも輝いていた絢爛《けんらん》豪華な夏の夜の主役たちは、すでに西の空に沈もうとしている。一方、東の空から上ってくる秋の星には目立つものがなく、寂しげな虫の声ばかりが大きくなっていく。

その虚空に輝きを放っているのが、秋の夜空ではたった一つの1等星・フォーマルハウトである。みなみのうお座というちょっとかわった名前の星座の口にあたる部分に輝く星で、名前のとおり、南の空の低い場所にある。

星座の名前は伝統的に北の空からつくられていったので、しばしば北天の星座と同じような南天の星の配列には「みなみの……」とつけられていることがある。たとえば、かんむり座に対して、みなみのかんむり座、さんかく座に対してみなみのさんかく座という具合に、それぞれ対になっているのである。みなみのうお座は、同じ秋の星座で黄道十二星

フォーマルハウトの探し方

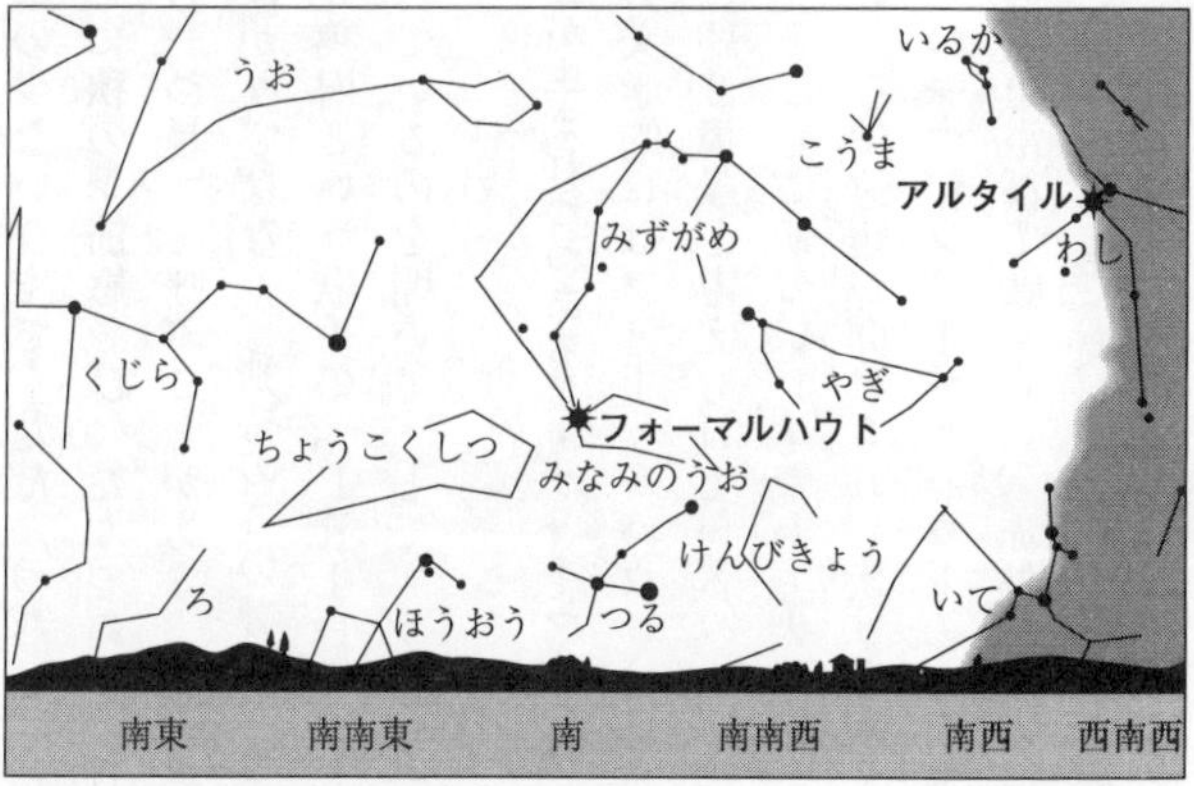

10月1日午後10時ごろの東京から見た南の空

座の一つ、うお座と対をなす星座である。

みなみのうお座の星座の形をたどるのはなかなか至難の業だ。この星座の中で、フォーマルハウトに次ぐ2番目の星が4等星の明るさで、2等、3等の星がまったくないのである。それればかりではない。このフォーマルハウトのまわり、半径20度の円内には、2等星でさえたった二つしかない。その二つさえもフォーマルハウトよりさらに南にある、つる座という星座に属する星である。日本からはほとんど南の地平線ぎりぎりになってしまうので、二つの2等星も大気の減光を受けて、非常に目立たない明るさになってしまっている。場所によっては見えないことさえある。そのため、フォーマルハウトの孤独さはいっそう、引き立てられることになる。

星の少ない夜空で、ただ一つだけ、秋風に吹かれながらきらきらと輝いている様子は、まさに秋の季節感とぴったりである。日本ではしばしばフォーマルハウトのことを「みなみの一つ星」と呼ぶことがある。この名前はフォーマルハウトの特徴をうまくとらえているばかりではなく、独特の音の響きもすばらしく、筆者の大好きな星の和名の一つである。今井美樹という歌手の「PRIDE」という歌の出だしで「私は今、南の一つ星を」と歌われているのを聞いて、とてもうれしくなってしまった覚えがある。

## 惑星が生まれつつある星・フォーマルハウト

天文学的にはフォーマルハウトはいま注目の星の一つである。この星の年齢は比較的若く、約2億歳と考えられている。太陽の年齢が46億歳なので、ずいぶん大きな差だ。しかも、そこそこ明るい、すなわち太陽から比較的近い距離にある。そこで最近、この星にいろいろな望遠鏡が向けられ、次々と新しい発見がなされている。

その一つがフォーマルハウトのまわりの塵円盤の発見である。星のまわりに塵があれば、星の光を浴びて暖められ、赤外線や電波を出すようになる。したがって、可視光では何もないように見えても、赤外線や電波で観測すると星のまわりの塵が見えてくることがしばしばある。

こういった若い星のまわりの円盤に含まれる塵の一部は、やがて円盤から放り出されて、宇宙空間をさまようことになる。しかし一方では、長い年月をかけて衝突合体を繰り返し、どんどん成長して、太陽系のような惑星をつくっていくはずである。実際、フォーマルハウトの塵の円盤では、中心の星の近くで塵そのものが少なくなって、穴があいたドーナッツのように見えている。ここでは、すでに惑星が成長しているため、材料である塵は少なくなってしまっているのかもしれない。

フォーマルハウトにおける、もう一つの貴重な発見が赤外線観測によって報告されている。それは生命誕生に必須な水が見つかったことだ。もちろん水蒸気ではなく、氷として発見されたのである。土星の環の中にも氷が存在する証拠が見つかっているが、おそらく、フォーマルハウトのまわりの塵の円盤中には、細かな砂粒のようなものだけではなく、彗星のかけらのような氷の塊がたくさん含まれているのだろう。水がこういった形で確実に存在する証拠が発見された数少ない例である。

そういえば、みなみのうお座は、その北にあるみずがめ座からこぼれ落ちた水を飲んでいる魚をかたどった星座である。フォーマルハウトという名前も「魚の口」という意味だ。星座神話と現代天文学の発見が結びつくのは、おもしろい偶然ではある。

それにしても、フォーマルハウトの塵の円盤の中で、すでに成長した惑星が存在するとすれば、そこにはやはり氷を成分に持つ天体が衝突しているはずである。このような氷の天体が衝突していくことにより、惑星に水を供給する。やがては地球のような水の惑星が、フォーマルハウトのまわりで誕生するかもしれない。そして、あと何億年か、あるいは何十億年か経過すると、地球と同じような水の惑星の上に生命が誕生し、われわれと同様に、この宇宙に思いを馳《は》せるようになるかもしれない。

## 難しい地球外知的生命体との接触

しかし残念ながら、われわれ人類がその成長を見届ける可能性はほとんどない。それは主に二つの理由からである。その一つは、われわれ人類の存在の有無。数億年というタイムスケールは、一つの生命種族が継続して繁栄できるぎりぎりの長さだ。おそらく、自然のままであれば、われわれは数億年先には人類という種族としては生きていないはずである。６５００万年前に絶滅した恐竜がそうだったように、あるいは2億年ほど前に絶滅した哺乳類型爬虫類《ほにゅうるいがたはちゅうるい》がそうだったように、われわれは繁栄の座を次の種族に明け渡すことになるだろう。ただ、人類がいままでの種族と違うという一縷《いちる》の希望もある。遺伝子を操作できるようになり、あるいはさらに優れた科学技術力で種族全体を危機に陥れるような現象（たとえば天体衝突など）を防ぐことができるかもしれない。筆者は、ひそかにそうなることを希望してはいるのだが。

しかしながら、もし人類がフォーマルハウトの生命誕生に匹敵するほど長期間にわたって存続したとしても、もう一つ別の困難がある。数億年の先にはフォーマルハウトがどこに行ったかわからなくなっているからだ。われわれ太陽もフォーマルハウトも、お互いに2000億の星の集団である銀河系の中で、ぐるぐるとまわっている。たまたま、いまフォーマルハウトは太陽系の近くにいるだけのことで、数千万年先にはお互いに遠く離れてしまっているにちがいない。フォーマルハウトは銀河系の中でたまたまその長い星の一生のほんの一瞬だけ、わが太陽系と袖《そで》を触れあっただけなのである。われわれは永遠にフォーマルハウト星人（こういった知的生命体が発生したとしても）とは出会えないだろう。

しかし、それでもわれわれはいつの日か、他の知的文明と接触できるという希望は持ちたいものである。秋の空に一つぽつねんと輝くフォーマルハウトのように、われわれが宇宙の中で孤独であるはずがない。どこかにわれわれと同じような知的生命体が発生していて、同じ宇宙の景色を見つめていることを信じていたい。

**フランク・ドレークの定式**

天文学者には知的生命体の発生に関しては楽観主義者が多い。宇宙のどこにでも水はあるし、アミノ酸ぐらいは暗黒星雲の中で合成されている。液体の水が安定して存在する環境さえあれば、そして、その適切な環境がしばらく続きさえすれば、生命は宇宙のどこにでも発生しうるのではないか。そう考える天文学者が多い。銀河系の星の総数2000億の中に、どこかにはいるはずだ、という思いが天文学者には強いのである。

フランク・ドレークという天文学者は、知的生命体とわれわれが接触をもてる確率について定式化している。ドレークの式といわれているもので、接触可能な知的生命体の文明の数をNとすると、次のようになる。

$$N = Nb \times fp \times ne \times f\ell \times fi \times fc \times L$$

ここでNbは毎年生まれる星の数、fpがそのなかで惑星を持つ星の存在比率、neが生命存在に適した惑星の比率、fℓがその中で生命が発生する確率、fiが発生した生命が知的生命にまで進化する比率、fcが交信能力を持ち、実行できる文明の比率、そしてLが技術文明の平均寿命である。最近の天文学の進歩によって、Nbやfpが次第に明確になりつつある。しかし、そうはいっても天文学でなんとか見積もれるのは、これらの未知数の中でも前半だけで、後半の未知数である生命発生の容易さや知的文明は必ず発生するのかといった生物学（社会学）的な条件は明確ではない。そして、この式で接触確率を決めるのは、われわれを含めて、文明の存続する平均寿命Lであることを強調しておきたい。われわれ人類が電波などの交信手段を用い始めてから、まだ50年しか経っていない。人類がここから何年存続できるかが一種の大きな試練となる。われわれが１００万年続けば、相手も同じ程度は続くであろうし、相互の接触確率は高くなるが、１０００年程度で滅亡するとすると、未知の相手に会える確率はきわめて低くなる。天文学者の中には、まじめに宇宙人を探しているグループもある。アメリカの電波望遠鏡を用いた知的生命探査計画（SETI計画）が最も有名であろう。知的生命が存在していそうな近距離の安定した恒星に電波望遠鏡を向け、そこからくる信号の中に人工的なものが混じっていないかどうかを探っている。数千個の星のサーベイを終えたが、そのデータの中からは、いまのところ、確実に人工的な信号は見つかっていない。

もちろん、それだけではなく、別の観点から知的生命を探そうという提案もある。もし地球の現在の文明よりも進化した知的生命がいるとすると、彼らは星のエネルギーを最大限に利用したり、あるいは星の終末をなんらかの方法で阻止するような行動をとるにちがいない。前者の場合、星のエネルギーを最大限有効に利用するため、たとえば星のまわりを、光を吸収しエネルギーに変える太陽電池パネルのようなものでおおってしまうことが考えられる。これは1960年にフリーマン・ダイソンが提唱したのでダイソン球と呼ばれている。もし、このような文明があれば、星の光をエネルギーとして利用する一方、生じる熱の捨て場として、赤外線を大量に排出している可能性がある。したがって、赤外線で輝くような星を探そうというのである。星の可視光の一部が極端に吸収され、かつ赤外線が異常に輝くような天体があれば、ダイソン球の可能性がある。
後者の場合、古い星々の中で不思議に青いままであるような星が、その候補となる。なんらかの方法で、星の年齢を若返らせればいいからである。そんな星が球状星団の中に実在する。

**謎の星・「青色はぐれ星」**

球状星団の星の年齢はみなたいへん古い。そのため、その星団中に存在するのは、水素燃料を使い果たしつつあり、次第に低温となって赤みがかった老年期を迎えた星や、あるいはまだ少ないながら水素燃料を細々と燃やし続けている黄色みがかった星ばかりといわれていた。実際、古い球状星団を眺めてみても、ところどころに赤みがかった老齢の星があるのがわかる。ところがさらによく調べてみると、こういった球状星団の中にも、明らかに青白くて、一見して若そうな星がまじっていることがわかってきた。青白い星というのは、天文学の常識からいえば、水素燃料がふんだんにあって、その分どんどん燃やしてしまうはずだから、逆に寿命が短くなってしまうはずの星である。だから、そのような青い星が球状星団の中にいまだに存在し続けるのはたいへん不思議なことである。これらの青白い星は、その後「青色はぐれ星」と呼ばれ、この半世紀にわたって謎の星とされてきた。

あまりにも不思議で説明がつかないため、諸説紛々の中、ある天文学者は、知的文明の恒星寿命延命説を唱えたのである。星が年をとって赤みがかった老年期を迎えると、半径がどんどん膨れていくものである。われわれの太陽も、50億年ほど経つと膨らんできて、地球も月も太陽に飲み込まれる運命にある。もし、このとき地球上に人類のような知的生命がいて、太陽の膨張を防ごうとしたら、どうするだろうか。もちろん、地球から脱出することも一つの道ではあるが、技術力を駆使して星そのものを若返らせる延命策をはかるだろう。それには老年期の星に水素燃料をなんらかの形で送り込めばいい。そうすれば、星は青いまま輝き続け、惑星に住んでいる宇宙人の文明も安泰となるはずである。もしかすると「青色はぐれ星」は、そういった優れた技術力を持った知的生命が、星の延命を講じているところなのではないかというのである。残念ながら、現在の人類にそれだけの技術力はない。もし、この説が本当だとすれば、そこには相当高度な技術力を持った文明が存在することになる。

しかしながら、これはさすがに天文学者の想像のしすぎであったようである。「青色はぐれ星」の謎は現在、次第に解明されつつある。球状星団の中心部、すなわち星の密度の高い場所では、「青色はぐれ星」が相当たくさんあることがわかってきた。星が密集していれば、星と星とが接近遭遇したり、衝突する頻度が高くなる。「青色はぐれ星」は、どうやら星と星が合体して水素燃料を存分に受け取り、若返った星らしい。確かに、星の密度が高いところほど知的生命が多く発生する理由もない。こうして宇宙の謎が解けつつあるのはうれしいものではあるが、知的生命や宇宙人につながらないのは、いささか残念でもある。

## 4万7000年後に向けたメッセージ

それでも希望は捨てないでおきたいものだ。4万7000年後、われわれ人類は球状星団にある特別の思いを寄せているかもしれない。1973年、カリブ海のプエルトリコにある直径305mのアンテナから、北天の代表的な球状星団M13に向けて、3分間のメッセージが電波で送信された。宇宙人あてのメッセージ信号は、横23、縦73のます目になるべると、われわれ生命のDNAの二重らせんや、地球人の形、電波望遠鏡などのパターンになるように工夫されている。球状星団が選ばれた理由は、その星の数の多さである。知

M13へ向けて電波を発信した、中米プエルトリコにあるアレシボ天文台のパラボナアンテナ（アレシボ天文台提供）

的生命が発生する確率が宇宙全体で一定であっても、なにしろ、これだけ星数が多いと、球状星団にはある割合で存在するはずで、電波を送るには好都合のターゲットだったのである。

この電波がM13にとどくのに2万3500年。もし万が一相手の宇宙人が受信に成功して、その返事をもらえるとしても4万7000年後となる。気が遠くなる話ではあるが、いつかわれわれの子孫がM13からの信号を受け取るかもしれないと思うと、なんとなく夢を信じたい気持ちになるのは筆者だけではないだろう。

秋の夜空にぽつねんと浮かぶフォーマルハウト。その孤独な光を見ていると、われわれ人類という種族は、どこにいるかもわからない知的生命体を探す努力をしながら、いまだに仲間に出会えない孤独な種なのだろうか、という思いがわいてくるのである。

### つかの間の夢幻世界・皆既日食

天文現象の中で、何がいちばんのおすすめですか、と問われたら、筆者はまちがいなく、皆既日食と答える。皆既日食時の黒い太陽のまわりに現れる流麗なコロナは、あらゆる自然現象の中で最も美しく荘厳といっても過言ではない。

皆既日食というのは、月が太陽をすっぽりとおおい隠す現象である。日食は太陽の通り道・黄道と月の通り道・白道とが交わる場所に、両者がくることによって起きる。しかしながら、太陽の大きさも微妙に変化するうえ、月の軌道はかなりゆがんでいるので、見かけの大きさは約1割ほど変わりうる。したがって、日食が起きると、すべて皆既日食になるわけではない。月が大きい、すなわち地球に近いことが条件となる。月が地球に比較的近く、なおかつ新月時にたまたま太陽と重なる必要があるわけである。月が遠いときには、太陽をおおい隠せず、部分日食あるいは、太陽の縁だけが輝いて見える金環日食となる。

太陽の光球面はたいへん明るいので、その一部でも見えていると、太陽のまわりにあるコロナは、かき消されてしまう。

さらにいえば、皆既日食は月食とは異なり、地球上のごく限られた皆既帯と呼ばれる場所でしか見ることができない。皆既帯は幅が数㎞から数十㎞と非常に細く、この皆既帯をはずすと、やはり部分日食となってしまう。また、同様に月がどんどん動いていくので、皆既日食となるのは、ほんの数分間だけである。月が地球に最も近くて太陽から最も遠いような場合でも10分とは続かない。淡い光に包まれた黒い太陽が出現し、人々はそのみごとな光景に感激したかと思うまもなく終わってしまう。まるでそれは地上の世界が一変し、つかの間の夢幻世界が現出するようでもある。

そして皆既終了間際がまたすばらしい。太陽の縁が現れるほんの数秒間、月の縁の山谷の間からとぎれとぎれにもれ出す強烈な太陽光が、まるでダイヤモンドがちりばめられた指輪のように美しく光るのだ。「ダイヤモンド・リング」と呼ばれているこの現象は、皆既日食の終わりを告げる最後の瞬間である。

これほど強い印象を残す現象なので、当然、古文書にも日食の記述はたくさん見られる。とりわけ日本の神話の中には、日食と思われる記述が残されている。太陽が神格化された天照大神《あまてらすおおみかみ》が、スサノヲノミコトの横暴を目の前にして、天《あめ》の岩屋戸《いわやど》という大きな岩の向こうに隠れてしまい、天上も地上もすっかり暗くなってしまう「天の岩屋戸」伝説は、まさに皆既日食であろう。実際の皆既日食では、太陽が隠されるときにはあっけないものの、出てくるときにはじわじわと現れるように感じられるものであるが、伝説の後半はまさに皆既日食終了時の描写と断言しても過言ではない。八百万《やおよろず》の神がいろいろな工夫をして天照大神の気を引き、隠れていた天照大神が戸をほんの少し開けて外をうかがい、さらに差し出された鏡をよく見ようと岩屋戸からのりだしてきたところを、アメノタヂカラヲノミコトが素早く外に連れ出すところなどは、実際に皆既日食を目撃すると、よくぞこのような物語に仕立てたものだ、と感心するのである。

古来、神仏の挿絵に後光が描かれていることが多いが、これは太陽を神とあがめ、日食時に現れるコロナを描いたものであるといわれている（たとえば『有翼日輪の謎』斎藤尚生著）。いにしえの人々も皆既日食に感動し、そこに畏《おそ》れを抱いたからにちがいない。

ただ、後世になると、地上が闇に包まれること、日食月食の予測が当時はなかなか難しかったことから、あまり印象のいい記述はなく、しばしば天皇の死や戦乱に結びつけられている。

### 偶然が生み出した皆既日食

ところで、どうして月のみかけの大きさが太陽と同じだったのか。疑問に思う人はいないだろうか。これは本当に偶然なのである。月は数ある衛星の中ではけっこう大きく、公転と自転の周期が一致していることからわかるように、地球に大きな影響を及ぼしている。もっともわかりやすい例が海面の高さの変化、すなわち潮の満ち干《みひ》だろう。太陽の影響と相まって、満月新月のときには大潮となり、太平洋では1〜2ｍもの海面の差を引き起こす。この潮汐は地面にも同様に起こっていて、数cmから数十cmほど上下しているが、われわれはふだん、地面を基準にしているために気がつかない。

潮汐力のため、月のほうもたいへんな影響を受ける。潮汐のために地球そのものが少し変形するが、地球の自転は月に比べて速いので、そのゆがんだ部分が常に月を引っぱるように働く。すると月は運動エネルギーを得て、次第に地球から遠ざかっていく。そのスピードは1年に約3cm。ごくわずかではあるが、この値は長い年月の間には無視できない量だ。地球ができたころは月はいまよりも地球の近くにあったことになる。おそらく、いまの月の10倍くらいの大きさに見えていたのではないかと考えられている。相当に威厳のある月であったにちがいない。

つまり、現在の月の距離がじつにすばらしい偶然であったのである。そのために月のみかけの大きさがちょうど太陽と同じになり、皆既日食を引き起こすことができるのである。いまでも月は地球から少しずつ離れていくため、いずれは月は太陽を隠しきれずに、あの荘厳な皆既日食を起こすことなく、金環日食あるいは部分日食しか起きない時代を迎える。

それは5億年後とされている。46億年の地球の歴史の中で、われわれはなんと幸運な時代に生きているのだろう。

日本では2009年7月には鹿児島県南部の薩南諸島の一部を通過する皆既日食が、また2035年9月には久しぶりに本州、長野から関東平野を縦断する皆既日食が起こる。北海道での皆既日食は20世紀にも何度かあったが、本州を皆既帯が通過するのは1887年以来、じつに148年ぶりのことである。ぜひこの2035年まで生きて、いっしょに眺めようと同僚とも話している。おそらく、たとえ元気であったとしても、この皆既日食が筆者がこの世で目撃できる最後となるだろう。

**オリジナル・カクテル「ブラックホール」**

この10年来、オリジナルのカクテルをつくるのを楽しみにしている。酒はまったく強くないが、お酒を介していろいろな人としゃべるのは好きなほうなので、毎年桜の季節に開催するバーベキュー・パーティでは、オリジナルのカクテルを必ず1種類、披露する。創作カクテルの種類がある程度になったら、そのうち星空のカクテル・パーティを開きたいと思っている。

当然、その創作テーマは宇宙。星の名前や天文現象にちなんだ作品ばかりだ。正統派のカクテルでは、その名も「スター」というのがあって、三鷹のN館という小さなショットバーで飲ませてくれるので、ときどき味わいに行くのだが、これがどうして「スター」という名前なのか、いまだによく知らない。まあ、正統派はそれでも許されるが、オリジナルはそうはいかない。できあがったカクテルの色や味に特色を出して、その名前との意味づけをはっきりさせる必要がある。

筆者のオリジナルで最も好評だったのは「ブルー・ストラッグラー(青色はぐれ星)」である。青色の美しさと、日本酒のベースという意外な組み合わせで、あっさりしていて飲みやすい。自分でも気に入っていて、おいしい日本酒が入手できると、ついこれをつくってしまう(日本酒党の人にはとんでもない話かもしれないが)。「ホワイト・デゥオルフ(白色わい星)」とか、「レッド・ジャイアント(赤色巨星)」などもまあまあの出来であった。また、日没の瞬間に太陽の上縁が一瞬、緑色に光る現象をモチーフにした「グリーン・フラッシュ」というカクテルも、つい最近完成したが、これはまだ披露はしていない。

一方、なかなか評判がよくならないのが「ブラウン・ドゥオルフ(褐色わい星)」や「ブラックホール」などの茶色から黒系統のカクテルである。最初は、ハワイから買って帰ってきたコーヒーリキュールを用いていた。しかし、これはあまりにあまいので、ついつい黒は薄くなる。薄くなるとなんだかコーヒー牛乳みたいで、なんとなく味気ない。そこで、おもいっきり濃くしてみたら、パーティではごくごくと飲む人がいて、最後には「遠い世界に旅に出ようか」と歌いながら、本当に遠い世界に飛んでいって（つぶれて）しまった。この人がふだんは非常にまじめな人だったものだから、まわりも大いに驚いて、それ以来、筆者の「ブラックホール」には気をつけたほうがいい、という評判がたってしまった。

## 「オバQ定理」

カクテルの「ブラックホール」のほうは、いまだに黒を出すのに苦労していて未完成だが、この宇宙には、完成したあるいは成長しつつあるブラックホールがたくさんあるようである。そもそも、ブラックホールは重力が強くて光さえも脱出できないから光っていない、すなわち黒いわけである。そんな天体が本当に存在することは、アインシュタインの相対性理論を理解していなくとも、非常に単純な思考実験で類推できる。

地球からロケットが脱出することを考えてみよう。地球の重力を振りきって、宇宙に飛び出すには、いわゆる脱出速度が必要である。地球の場合はその速度は秒速約11㎞となる。脱出速度は、天体の質量が大きいほど、また天体の半径が小さいほど大きくなる。たとえば地球をぎゅっと縮めて、半径6㎜程度まで小さくしたとする。すると、そこから脱出するために必要な速度は秒速30万㎞となる。これはちょうど光の速度だ。光の速度は超えることはできないので、光を含めてあらゆる物質が抜け出してくることができないことになるのだ。したがって、一度入ったら二度とは戻れない底なしの穴になるわけである。光に質量がないので、この思考実験は正確ではないのだが、ブラックホールが原理的にあり得ることを納得してもらうには好い例である。

それでは、地球ほどもある大きな物質をはたして6㎜もの空間に押し縮められるか。どう考えてもむりと思ってしまうだろう。もちろん、人類がどうがんばっても、それはむりである。しかし、宇宙は人類ができないことも平気で実現される場所なのだ。たとえば、シリウスBという白色わい星は半径は太陽の100分の1、せいぜい地球程度なのに、そこに太陽ほどの質量がつめ込まれている。その密度は1立方㎝あたり1tを超えてしまう。こんなもので驚いてはいけない。超新星爆発の後にできる中性子星になると、その大きさは白色わい星の半径のさらに100分の1、なんと10㎞程度になってしまうのだ。それでも質量は、まだ太陽程度もあるので、平均密度は1立方㎝あたり、じつに5億tにもなる。

もちろん、中性子星からは光も電波も出てくる。まだブラックホールにはなっていないからだ。ぎゅうぎゅうに押し込められたすべての物質が中性子となり、かろうじてその中性子同士の押し合う圧力が、強力な重力に打ち勝って、バランスを保っているのである。だが、中性子の圧力で支えられる質量にも限界がある。この限界を超えてしまうと、もはやその重力をくいとめる力は生じない。ほとんど無限に収縮して、ついに6㎜の直径よりも小さくなって、底なし沼のブラックホールが出現するわけである。

ブラックホールが出現すると、そこには強い重力しかない。あらゆる情報や光、電磁波が直接出てくることはないので、見えない重力場だけが感じられるのである。したがって、星のように色や温度、形、成分のちがいは存在しない。ブラックホールを特徴づけるのは、重力の強さ（すなわち質量）、自転（回転）、それに電荷の3種類の物理的特性だけである。この三つしかないので、ブラックホールには毛がないといわれる。英語では「ブラックホールの毛なし定理」という。それでも三つはあるので、日本では「オバQ定理」と呼んではどうか、とはブラックホールの研究者・大阪教育大学のF先生の言である。

## ブラックホールを探す方法

もちろん、ブラックホールは直接見ることはできないが、われわれ天文学者はいろいろな方法で、さまざまなブラックホールが存在することを確認している。ブラックホールの存在を確認するには、強力な重力があって、そこに相当する星や天体が見えないのに、そのそばにある星が勢いよく振りまわされている、あるいはまわりの物質の公転の速度が速いことを見いだせばよい。

その一つがりょうけん座にある銀河M106である。この銀河の中心付近に、じつに太陽の3600万倍もの質量の巨大なブラックホールが存在することは以前にも紹介した。これは中心付近を猛スピードで回転する天体を確認することによって、見つけることができた。

ブラックホールを探す方法はこれだけではない。宇宙には物質がガスにしろ塵にしろたくさん浮いている。それらがブラックホールに吸い込まれるときに、事象の地平線（いわゆるブラックホールの世界とこちら側の世界の境界）に入る前に、おしあいへしあいして強力な電波やX線が発生する。それらを観測することで、ブラックホールの存在を間接的に見つけることができるのである。

なにしろ、X線をとらえるのは日本の得意技である。日本のX線天文衛星「あすか」の観測によって、ケンタウルス座にあるMGC—6—30—15という銀河の中心付近にブラックホールがあることがわかっている。高速で回転する円盤の回転を保つために非常に強い重力源が狭い空間領域になくてはならないことに加えて、放射されてくるX線の一部がかなりエネルギーが低くなっていることがわかったのだ。

これはまさしくブラックホールのような強力な重力源のかたわらから、X線が出てくるときに起きる「重力赤方偏移」と考えられる。太陽の100万〜10億倍の質量を持つ巨大ブラックホールが存在し、そこへ大量の物質が落ち込むときに生じるエネルギーが放射されているわけだ。

こういった銀河の中心の巨大ブラックホールだけでなく、われわれの銀河系の中にも比較的質量の小さなブラックホールがある。そのほとんどは、もともとは質量の大きな星であったものが、超新星爆発を起こした末にブラックホールとなったもので、たいていは連星をなしていることが多い。

連星になっているために、ブラックホールへもう一方の星のガスが引き込まれていく途中にX線を発するから見つけやすい。そのうえ、星のほうの運動を調べると、相手方がどの程度の質量かがわかるので、ブラックホールであるとわかるのである。早くから指摘されていたのがはくちょう座X1などのX線源である。これらは太陽の6〜7倍から10倍程度の重さのブラックホールといわれている。

それでは、連星になっていないようなブラックホールは見つからないのだろうか。ごく最近になって、こういうシングルのブラックホールが見つかり始めている。ブラックホールはもともと強力な重力がある。その重力によってかたわらを通過する光もねじ曲げられる。それがあたかも強力な光を集めるレンズのような働きをするので、重力レンズ効果と呼ばれている。したがって、ブラックホールが星や星雲の前面を通過していくと、背後の星の像がいくつもに分かれたり、あるいは明るさが変わったり、星雲の形や明るさが変わることになる。

非常に強力な重力レンズの場合、たとえば銀河団全体が引き起こすようなレンズ効果の場合には、背後の天体の光がリング状になったり、四つの像に分かれたりする。しかし、恒星が超新星爆発を起こした末にできたブラックホールは、重力は恒星の数倍程度なので、それほど強力ではない。そのために、背後の恒星が分離するほどには光は折り曲げられず、単にその恒星が明るくなるだけになる。この明るさの変化をとらえれば、ブラックホールの存在とその質量が推定できるのである。

同じ空の領域を注意深く観察し続けていると、変光星でもないのに突然明るさが上昇し始める現象がとらえられる。オーストラリアの観測でとらえられた現象は、明るさの変化が3年にも及ぶものであった。ブラックホールの質量は太陽の6倍程度と推定され、孤立した単独星のブラックホールの存在を確かめた、はじめての例となった。

## 合体し膨張するブラックホール

このように見ていくと、ブラックホールを特徴づける三つの毛のうち、重力の強さ(すなわち質量)には両極端があることがわかってきた。一つは恒星程度の質量のブラックホールである。せいぜい太陽の10倍程度の質量を持つ。かたや、銀河の中心にあるような超巨大質量のブラックホール。太陽の数百万倍から数十億倍という途方もない質量である。これまでは、その中間の質量のブラックホールがあまり見つからなかった。

もともと超巨大ブラックホールは、銀河の中心部で恒星程度の質量のブラックホールがたくさん生まれ、それらがしだいに合体して成長したとも考えられる。とすれば、ある時期には中間の質量をもつブラックホールがあってもいいはずだ。

1999年、この中間質量のブラックホールをみごとに見つけたのは、日本のX線衛星「あすか」であった。われわれの銀河系の比較的近くにある、活動銀河(スターバースト銀河とも呼ばれ、爆発的に星が生まれている領域をもつ銀河)であるM82に、太陽質量の460倍のブラックホールが存在するらしいのだ(234ページ口絵参照)。さらに、過去のヨーロッパのX線衛星の観測データからも、新たに六つの銀河にブラックホールの特徴があり、その質量が太陽の100倍から1万倍程度と推定されている。ブラックホールの毛も長髪と坊主狩りだけではなく、ショートカットもあることがわかりかけてきたのである。

最近の研究によると、この宇宙はどうも膨張を続け、収縮に転じることはないらしい。とすれば、宇宙はそのうちに成長したブラックホールがどんどん増えて、何百億あるいは何兆年後には、宇宙はブラックホールだらけになってしまうだろう。そこは死の世界となり、星を生み出すガスや水素さえ残っていない。新しい星は生まれることなく、世界は静寂と闇に包まれる。まれにブラックホールから発する光（量子力学のトンネル効果で、ブラックホールはしばしば光を出してエネルギーを失うことがあるらしい）が流れ星のように漆黒の宇宙を一瞬の間、輝かすだけになるのかもしれない。

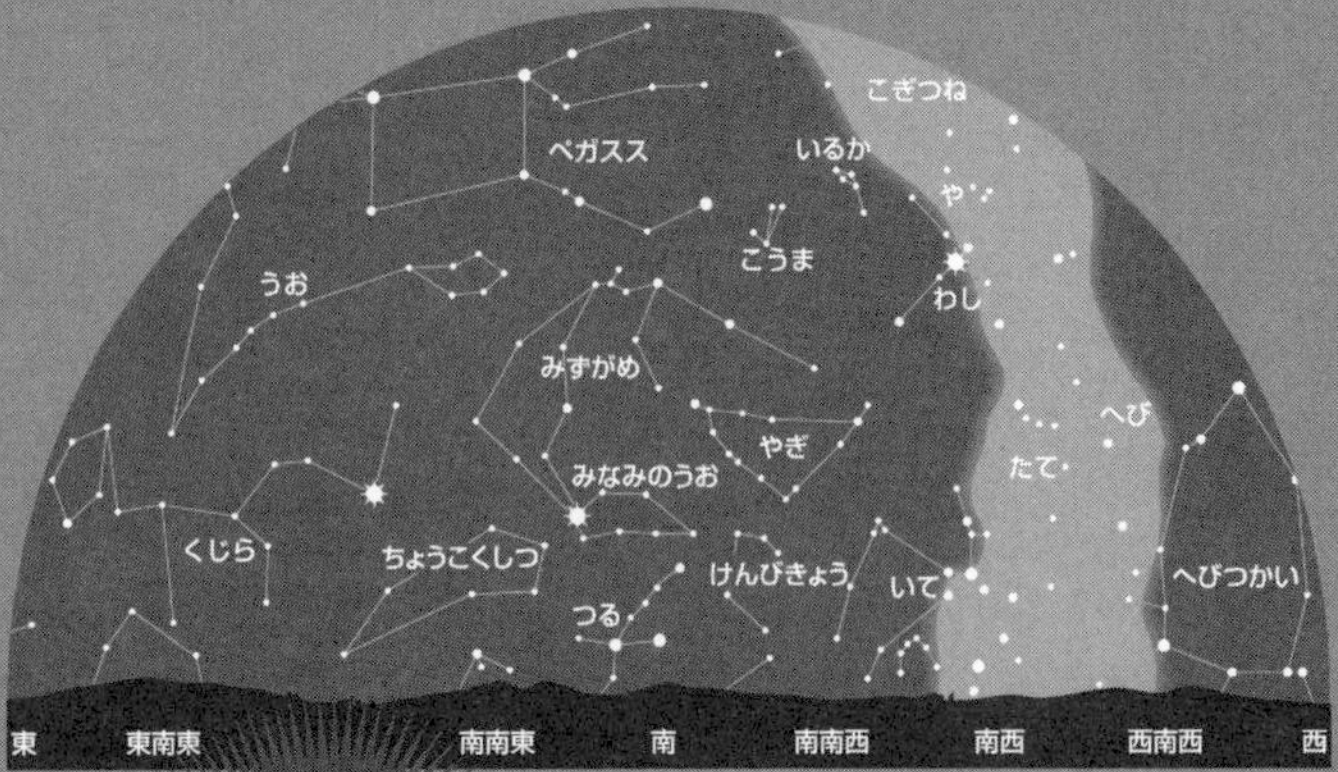

◉十月二日二十一時の星空

# 第4章 秋から初冬の星空

# 10月——アンドロメダ大銀河とその仲間たち

## アンドロメダ大銀河

秋の深夜、頭の真上を眺めると、四つの星がややゆがんだ四辺形をなしているのが目に入る。空を駆《か》ける白馬ペガススの姿で、ペガススの四辺形と呼ばれている。目立つ星の少ない秋の空では、最も幾何学美に富むもので、春の大曲線、夏冬の大三角と並ぶ秋の夜空のランドマークである。この四辺形はペガススの胴体で、そこからいるか座に向かって三つの星で長い首を表し、前足もはくちょう座に向かって左右それなりに星をつなぐことができる。そのようにつないでいくと、なるほど馬に見えるから不思議である。ただ、どっちも暗い星なので、空の状態のいいところでしか想像できないだろう。

ところで、このペガススは後ろの部分の胴体がない。四辺形のいちばん北東の星は、アルフェラッツと呼ばれるアンドロメダ座のアルファ星である。この星はアンドロメダ姫の頭に相当し、四辺形からペガススの頭とは逆に伸びる星の並びをアンドロメダ姫の体にあてている。

このアンドロメダ座も、秋の空では、知名度が高い星座のうちの一つであろう。その名前の響きが、日本人にとってはどことなくエキゾチックで、一度聞いたら忘れられない。そのため、宇宙に関する物語にはしばしば登場する。たとえば、かつて大ヒットした松本零士さんのSF漫画『銀河鉄道999』の終着駅は、アンドロメダであった。この中に、髪が長いメーテルという美しい女性が登場するが、アンドロメダも天空では美しいお姫様である。

ギリシア神話では、アンドロメダ姫は、エチオピア王室のケフェウス王とカシオペア王妃の娘である。カシオペアは絶世の美女と噂されていたが、それを妬《ねた》んだ海の妖精たちが、エチオピアへ化け鯨《くじら》を差し向け、国を荒らし始めた。困った王様は、その化け鯨の横暴をしずめるため、泣く泣く娘のアンドロメダ姫を生《い》け贄《にえ》にすることにした。しかし、鎖につながれ、化け鯨の餌食《えじき》になる寸前に、勇者ペルセウスに助けられることになる。化け鯨も退治したペルセウスは、その後、アンドロメダ姫と結婚し、末永く幸せに暮らしたということになっている。

ちなみに、この物語に登場するキャストはすべて秋の星座になっている。化け鯨は南天のくじら座、親であるケフェウスとカシオペアは北極星の近くにあるし、当のペルセウスとアンドロメダも仲良く並んで光っている。ただ、星座絵に描かれているアンドロメダ姫は、まだ鎖につながれたままなので、少しかわいそうではある。

ところで、このアンドロメダ姫の腰のあたりに、有名なアンドロメダ大銀河という天体がある。この天体こそ、われわれ人類が宇宙の概念を変えるきっかけになったといっても過言ではない天体である。明るさは3等から4等程度、その大きさは月の3倍以上あるので、暗い空であれば肉眼でも微かな雲の切れ端がぼやーっと浮いているように見える。そのため、ずっと以前から、その存在はよく知られていた。雲のように見えるので、かつてはアンドロメダ大星雲とも呼ばれていた。

望遠鏡が発明されると、夜空のあちこちに小さな星雲がたくさんあることがわかってきた。最初に明るい星雲状天体のカタログをつくったのが、フランスのシャルル・メシエである。当時は、同じく雲のように見える彗星を捜索する必要上、じゃまになる天体ということでリストアップされたのだが、そのおかげで明るい星雲状天体は、メシエ・カタログに網羅《もうら》されることになった。いまではそれらの天体を、彼の名前をとってメシエ（M）天体と呼ぶ。アンドロメダ大星雲の番号は31番なので、M31となった。

その後、望遠鏡の性能がさらによくなってくると、星雲の中に、形状の定まらない本当に雲のようなものと、よく見ると円盤状あるいは渦巻き状のものとがあることがわかってきた。そして、19世紀になると、これらの雲は基本的にまったく別種のものなのではないか、という疑問がわいてきたのである。

## 「銀河」の発見

当時は、われわれの太陽が属する銀河系の大きさこそわかっていなかったが、それが無数の星の集まりであることはわかり始めていた。もし、こういった星の集まりが非常に遠くにあるとすれば、それらは一つ一つの星に分解できず、全体として雲のように見えるにちがいない。わが銀河系も天の川の形から想像するに円盤状である。雲の中には円盤を真横から見たもの、斜めから見たようなもの、正面から見たようなものがある。これらは銀河系と同じような大規模な星の集まりなのではないか。そう考え始めたのである。

メシエ天体の中でも、最も明るくて大きい雲がアンドロメダ大星雲であった。19世紀の末から写真技術が導入され、こういった星雲の写真も次々と撮影されていった。そして、アンドロメダ大星雲は、まさしく円盤状の雲であることがわかってきた。1923年、アメリカの天文学者エドウィン・ハッブルが、ウィルソン山天文台の口径2・6m望遠鏡で、この天体を長い間追跡し、その中に明るさを変える星をはじめて発見した。ついに星に分解できたのである。この変光星は、星の中でもきわめて明るい脈動型変光星と呼ばれるものである。この種類の変光星の周期は、星の明るさに関係がある。距離のわかっている脈動型変光星を調べると、そのもともとの明るさと周期とに一定の関係があることがわかる。絶対等級マイナス3等の脈動型変光星の周期は約3日、マイナス4等で約10日、マイナス5

等で約20日、マイナス6等では40日となる。脈動型変光星は宇宙の距離を調べるうえで、明るさの決まった重要な灯台の役目をしているのである。ある遠方の銀河の中で脈動型変光星を見つけ、その周期を知ることができれば、その見かけの明るさと絶対等級の差から、距離の推定ができるわけである。

こうして、ハッブルは40個ほどの脈動型変光星から、アンドロメダ大星雲の距離を68万光年と算出した。これは当時の銀河系の直径10万~30万光年を大きく超えるものであった。現在では、その距離はさらに広がり、230万光年とされている。いずれにしろ、アンドロメダ大星雲は、われわれ銀河系の中の星雲ではなく、銀河系と同じような星の集合体・銀河であることが判明し、名称もアンドロメダ大銀河となったのである。

これ以降、こういった星の集まりである銀河と銀河系の中にある雲・星雲とが天文学的に区別されるようになった。そして、アンドロメダ大銀河をはじめとする「銀河」の発見こそ、われわれが住んでいる銀河系が宇宙の唯一の存在ではなく、無数に存在する銀河の一つにすぎないことを認識する貴重な転換点となったといえるだろう。

### 究極の宇宙像

われわれ人類は宇宙を知ることで、常に自分中心の考えかたから脱却してきたように思える。地動説が天動説にとって代わり、宇宙の中心は地球から太陽となった。そして太陽が星の一つにすぎないことを知った後は、その星の集合体である天の川銀河系が宇宙の中心ではないかとぼんやりと考えていた。そして、20世紀のアンドロメダ大銀河の再認識によって、われわれの銀河系さえも宇宙の中心ではないことがわかっていくのである。

人類の宇宙像の変遷は、実はまだ続いているのかもしれない。さすがに宇宙の中心という概念はなくなったが、最近の研究では宇宙の中に銀河が群れ集まっている銀河団や、それらがつながっている超銀河団の存在が明らかになってきた。アンドロメダ大銀河とわれわれの天の川銀河系とは、他の小さな銀河とともども、局部銀河群というかなり小さな銀河の集団をつくっていることがわかってきた。その隣には、5月のところで紹介したように大規模なおとめ座銀河団があり、それを含む超銀河団が存在することもわかってきたのである。すなわち銀河は、宇宙の中で一様に分布していないのである。そして、銀河団と銀河団との間には銀河が存在しない広大無辺な空間があるらしい。これを空洞(ボイド)と呼ぶ。さらに、ある方向を一生懸命に調べてみると、数億光年ごとに銀河の密集部が現れるという事実もわかりかけている。これを銀河の壁(グレート・ウォール)と呼んでいる。あまりにも広大で、遠いところを調べる必要があるため、これらがどの程度の規模で実在するか、よくわかっていない。また実在するとすれば、いったいこういった構造はどうしてできるのかといった疑問がわいてくる。

これら宇宙の大規模構造の問題は、あまりにも規模が大きいために、宇宙の起源や歴史に密接に関わってくる。光の速度が有限であるため、宇宙の遠くを見ると、遠方を見ていると同時に、時間をさかのぼり過去を見ていることになるからだ。数十億年のかなたに見えるものは、実は数十億年前の宇宙の姿なのである。宇宙では時間と空間が一体不可分なのだ。お隣のアンドロメダ大銀河の光でさえ、いまから230万年ほど前、つまりわれわれ人類がまだ原人の段階のころに向こうを発した光なのである。いずれにしろ究極の宇宙像というものは、まだまだ天文学者の手の届かないところにあるようである。

## 多種多彩な銀河系の仲間たち

こういった遠大な宇宙の果てを調べて、その大規模構造を知るのも重要な研究ではあるが、一方で、われわれの銀河系の身近なところでも研究は着々と進んでいる。最近でも、われわれのグループである半径300万光年ほどの範囲にも局部銀河群に属するメンバーの銀河が新しく見つかったりしている。

われわれの属する局部銀河群というのは、平たくいえば、宇宙の中での究極の田舎といえるかもしれない。6000万光年ほどのところにあるおとめ座銀河団が1000を超えるメンバーをもち、その中心には巨大な楕円銀河がどんと居座っているような「大都会」であるのに対し、局部銀河群は、りっぱな銀河と呼べるのはアンドロメダ大銀河とわれわれの銀河系、それにさんかく座のM33という渦巻き銀河の三つだけである。われわれの銀河系は、そんなさびしい集落にいるのである。

もちろん、局部銀河群には、これら三つの銀河の他に30個ほどの小さな銀河がある。これらの大部分は、大きな銀河の支配下にある、いわば「お供」の銀河である。アンドロメダ大銀河のお供は、すぐそばにあるM32、M110、カシオペア座にあるNGC147とNGC185、それに非常に淡いアンドロメダわい小銀河が三つほどである。一方、われわれの銀河系には、南天でしか見えない大小マゼラン銀河を代表として、しし座のわい小銀河が二つ、こぐま座、りゅう座、りゅうこつ座にそれぞれ一つずつのわい小銀河がある。わい小銀河は星の密度が小さく、しかも拡散しているので、望遠鏡では見ることはできない。写真に撮ると、なんとなくぼーっと写るので、ようやくその存在がわかるという天体である。そのために、こういったわい小銀河は、ずいぶんと発見が遅れている。局部銀河群に含まれていても、銀河系から遠くにあるわい小銀河は、まだまだ発見されていないものがあるはずだ。実際、1990年には局部銀河群に属すると思われる二つの銀河が発見されているし、1994年にはいて座の天の川に隠された方向に、それらしい銀河の存在が報告されている。

最近では、イギリスの天文学者のグループが、オーストラリアの望遠鏡で撮影した900枚もの南天の写真を使って、局部銀河群のメンバーを探している。彼らは、写真を一つ一つ丹念に調べ、ある程度の大きさがあって、しかも暗くかすかな星雲のような像を探していった。こうしてひろいだした候補天体をさらに詳細に調べた結果、候補のうちの二つが銀河系内の星雲ではなく、遠方にある銀河であることがはっきりした。そして、そのうちの一つ、日本からは見えないポンプ座にある銀河が、局部銀河群のメンバーに加えていいほど近距離にあることがわかったというのである。われわれの銀河系からの距離は約300万光年、局部銀河群としてはぎりぎりの距離である。銀河の直径は5000光年で、全体で100万個程度の恒星を含む小さな銀河であった。この銀河はさっそく「ポンプ座銀河」と名づけられた。

このような小さな銀河は、近くのものしか観測することができない。したがって、宇宙全体の銀河の大きさや数の統計を考えるときには、こうした局部銀河群内の統計がじつに重要な情報になるわけである。そのために、天文学者はいまも新しい銀河系の仲間を探す努力を続けているのである。もしかすると、これからもまだ新しい仲間が見つかるのかもしれない。

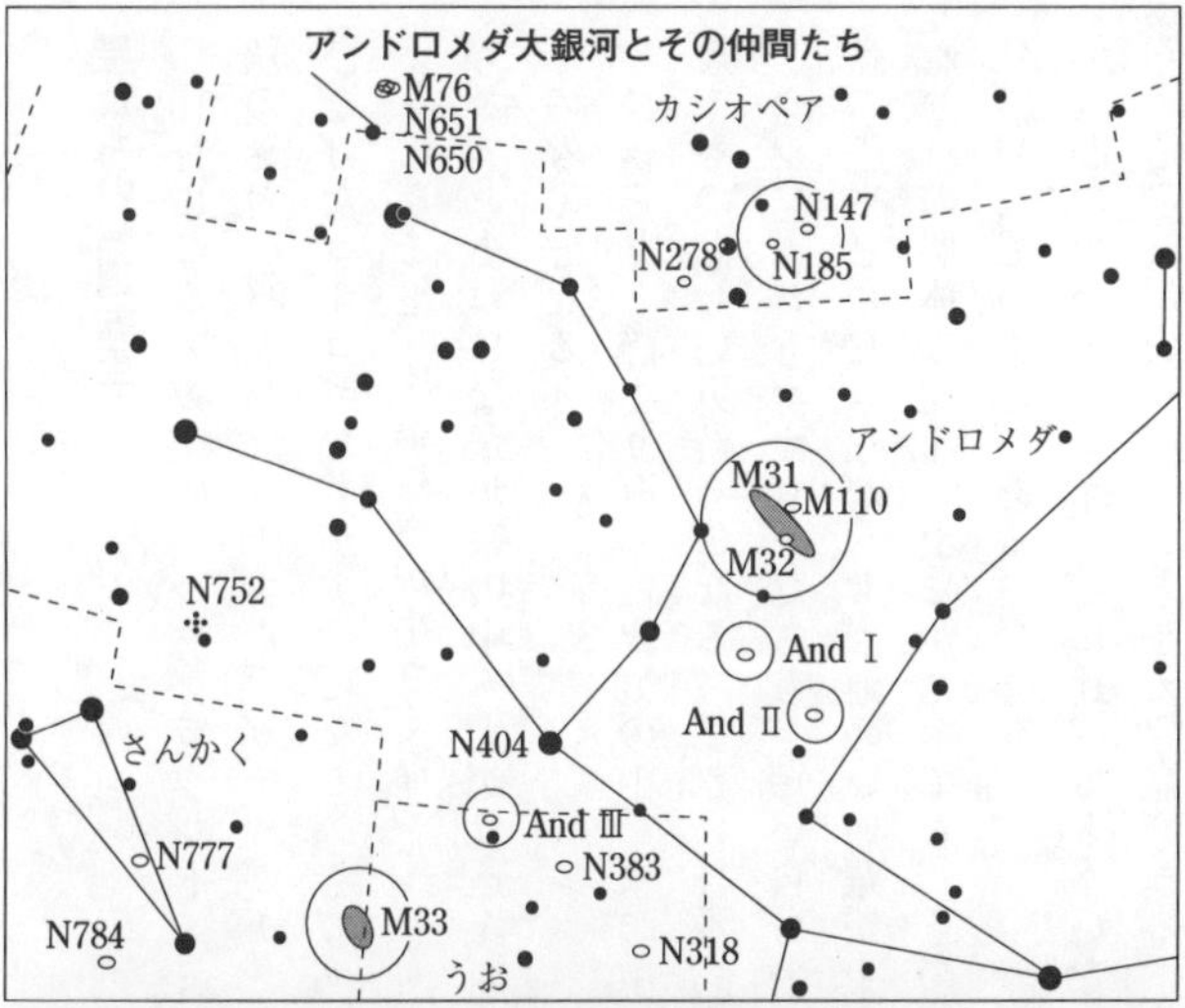

発見された新しい局部銀河群のメンバー、ポンプ座銀河。広がりは満月の10分の1ほどの大きさで、淡く広がっていたために見逃されていた
(グリニッジ天文台、ケンブリッジ大学)

## 星たちの輪廻転生《りんねてんしょう》

10月になると夜空のバックグラウンド・ミュージックを奏でる虫たちも、夏の奏者から秋の奏者へバトンタッチする。ガチャガチャとうるさいクツワムシたちが声をひそめ、さびしげなコオロギたちが主役になる。そのコオロギたちも、10月も末になって霜が降りるようになると、次第に声が小さくなっていく。今年いちばんの冷え込みなどという夜には、ちょっとまぬけな輩が家の中へ上がり込んで、部屋の隅で鳴いていたりする以外は、静寂そのものとなる。

ひっそりと静まり返った夜気の中、家の中で鳴くコオロギの声を聞いていると、なんとなくもの悲しい気持ちになる。まさに日本的なわびさびの世界である。

クツワムシもコオロギたちも、短い自分の一生を精一杯すごし、あるものは別の種の生命の肥やしになりながらも、運のいい輩が土の中にしっかりと次の世代を残していく。それぞれの個体は死んで土にかえっても、その遺伝子はこうして脈々と何千年、何万年と受け継がれていくのである。

人間の場合は、コオロギに比べると幸いなことに寿命が長い。季節の移り変わりさえ、そしてそれが繰り返すことさえ認識できる。その繰り返しが、地球という惑星が太陽をまわっているせいで生じるのだということを知るにいたっている。そして人間も同様に遺伝子を受け継ぎ、個体である自分自身は数億年にわたる遺伝子を運ぶマラソンランナーの一人にすぎないことも知るにいたった。世界を認識できたという意味では、これはすごいことではあるが、だからといって、われわれはその役目から解放されることはない。個体の運命には限界があり、これをどうやっても受容せざるを得ない非力な生物の限界を知ったことが、かえって悲しいことなのかもしれない。だが、それぞれの個体が何を考えようが、それでも遺伝子は営々と受け継がれていく。仏教用語の輪廻転生は魂の再生を意味するものだが、実際には遺伝子というミクロの世界では輪廻転生といえる現象が起きていることは確かである。

こういった物質世界の循環が、ミクロの世界だけでなく、マクロの世界でも起こっているのが、どうやら、われわれの生きている宇宙の特性らしい。夜空に輝く星も、人間と同じように生まれては死に、次の世代の星へと物質を引き継いでいく輪廻を繰り返している。

星はガスや塵の集まった星雲から生まれ、そして独り立ちしていく。星が輝きだすと、それらを生み出した母親である雲はどんどん吹き飛ばされる。こうして生まれたての赤ちゃん星たちは、堂々とした青白き若い星として輝きだす。一般に青白い星は若いものが多い。すばるのように星がまばらに集まった散開星団は、ほとんどが青白い若い星の集まり

ふたご座の散開星団M35。右下にはもっと遠方の散開星団が星雲のように見える（国立天文台）

で、自分を生み出してくれた母親の星雲を吹き飛ばし、やっと独り立ちしたところである。人間でいえば、学校に入った兄弟たちとでもいえるだろう。星は多産だから、すばる星団の場合は100人、他の星団になれば数百人もの兄弟がいるのである。

われわれの銀河系のあちこちに、こういった若い散開星団がある。この時期になると東のほうから冬の天の川が上ってくる。夏の天の川に比べて迫力はないが、それでも、この中を双眼鏡で散歩してみると、そこかしこに散開星団があるのがわかる。たとえば、おうし座の隣にある黄道十二星座・ふたご座の足元にもM35という散開星団がある。空のきれいな場所なら、肉眼でもぼやーっとした雲のように見える。この星団はすばるよりもさらに遠方、約3000光年の距離にある大型の散開星団で、双眼鏡を向けると100個あまりの星々が集まって輝いているのがわかる。さらに倍率を上げてよく眺めてみると、この星団の南西に、なにかシミのような天体があることに気がつくはずである。これはM35よりももっと遠くの散開星団である。遠くにあるから、小さく暗く見えているだけなのだ。われわれの銀河系には、いかに星団が多いかがよくわかるだろう。

ところで、こういった兄弟星の散開星団たちも、いつまでもいっしょにいられるわけではない。人間でも次第に兄弟がばらばらに生活するようになり、それぞれの家庭をつくっていくのと同様に、いっしょに生まれたたくさんの兄弟星たちが集団で暮らすのは長くてもせいぜい生まれてから数億年である。人間にとってみると途方もない年月の間、銀河系をぐるぐると何度もめぐっているうち、集団から一人、二人と去っていく。そして、最終的には兄弟たちはばらばらになって、独立していくのである。

## 寿命を迎える星たち

ばらばらになった兄弟星たちは、いってみれば働き盛りの成人の星である。若い星たちは、まだ青春のうちは青い色をしているのだが、次第に核融合の燃料にしている水素が枯《こ》渇《かつ》してくる。星は水素燃料を燃やしながら、次第に水素をヘリウムへ、そしてヘリウムを炭素や窒素、珪素《けいそ》といったさらに重い元素へ変えていく、いわば天然の核融合炉である。核融合炉はまだわれわれ人類には実用化できていないが、核分裂を利用した原子炉にはお世話になっている。どちらも反応の結果として「灰」ができるのは同じだ。星の場合、水素から生み出された重い「灰」が、次第に星の中心部にたまっていく。灰の量が増えてくると、次第に星の中心が自分の重さでつぶれ始める。そして、まだ燃料として使える軽い水素は表面近くで燃えるようになり、その外側が次第に膨らみはじめる。こうなると燃焼効率も悪くなり、軽い水素が表面近くで燃えるので、それよりも外層のガスが熱を受けて大きく膨らんでしまう。

星が膨らむと表面は低温になるので、青い色の星も赤くなるわけである。これを天文学では赤色巨星あるいは赤色超巨星と呼んでいる。したがって、こういった赤い色の星は一般に老人の星と考えていい。とりわけ赤色の星で明るい星は、若くて青い星が急激に燃料を消費し、老人の星になってしまったものである。

さて、老人になった星は人間と同じようにやがて死んでいく。人間の寿命と比較すれば永遠のように思われる星々も、その光や熱のエネルギーを水素燃料をもとにして生み出している限り、当然ながら寿命があるわけである。そして、われわれの一生と同じく、太く短く生きる星と、細く長く生きる星がある。これはもともと、その星にどのくらいの水素燃料がため込まれていたかによって決まってしまう。不思議なことに水素ガスを大量にため込んだ星のほうが寿命が短く、軽い星のほうが細々と核融合を続けるので寿命は長い。

太陽のような典型的な軽い星の場合、最後は眠るように死んでいく。赤くなった外層のガスが、灰がぎっしりとつまった星の中心部を見限るように静かに星から離れていき、漆黒の宇宙空間へと永遠の膨張を続けていく。この膨張を続けるガスが輝いているのが、惑星状星雲である。この惑星状星雲は数万年ほど輝き、この星の死を宇宙に知らしめている。

一方、中心に残された星はまだなんとか光っている。しかし、これはいわば「余熱」で光っているだけで、水素燃料を燃やしていない以上は、星としては死と判定せざるを得ない。その意味で、惑星状星雲は中心に残された星がいま死んだことを示す「宇宙の墓標」といえるだろう。中心の星は、あと数億年から数十億年という、とてつもなく長い年月をかけて、ゆっくりと冷えていき、やがて光さえも出さなくなる。まるで線香花火で最後に残った芯がすーっと暗くなって消えゆくように(235ページ口絵参照)。

## 壮絶な星の最期・超新星爆発

星の臨終の瞬間を示す惑星状星雲は、その形といい、彩りといい、天文学者が調べれば調べるほどバラエティに富むことがわかってきつつある。こういった形状の多様性は、もともとの中心星の自転速度や兄弟星の有無などの性質によって決まるらしい。また、色のバラエティは、ガスの中に含まれる「灰」の汚染によるものである。ネオンサインが生み出すカラフルな色が、その中に封入するガスの種類によってつくり出されるように、惑星状星雲の色も、緑色が酸素ガス、赤色が水素ガス、ややオレンジ色がかった窒素ガスの発する光がまじりあったものである。

ところで、太陽よりもずっと重い星になると、その死は非常に壮絶な事故死に似たものになる。星の中心は軽い星よりもずっと高温高圧になって、重い元素がたくさんできる。窒素や酸素どころではなく、マグネシウムやカルシウム、あるいは鉄のような重い灰がたまってしまうのである。

こうなると、星そのものが中心にたまった灰の重みに耐えきれず、ある臨界を超えると全体が一気につぶれてしまい、その反動で大爆発を引き起こす。これが超新星爆発といわれるものだ。爆発のときの光エネルギーは、なんと星1000億個分に相当することさえある。いわば星の最後としては非常に派手なタイプの臨終である。そして、この超新星残骸の大事な点は、爆発時に鉄などが融合反応して、鉄よりも重い元素が一挙にできる点にある。そこには鉄よりも重い金や銀など、あるいは核分裂によって電気をつくり出しているウランなどの元素が含まれている。これらの生成物は、秒速数千㎞とすさまじい速さで膨張し、最後には宇宙の藻屑《もくず》となる。一方、中心にはブラックホールなどが生まれることがある。

惑星状星雲でも、超新星残骸でも、最も重要な点は、自らがつくり出した元素を宇宙へばらまき、それらが次の世代の星のもとになっていることだ。惑星状星雲からは主に酸素や窒素、炭素といった軽い元素が、そして超新星からはそれよりも重い元素が、宇宙へ供給される。そして、それらは新しい星をつくるもとになる星雲に取り込まれ、次世代の星へ伝わっていく。まさに星たちの輪廻転生である。

こういった星たちの輪廻転生が、銀河系あるいは宇宙に無数にある銀河というまわり舞台で繰り返されている。太陽はすでに何世代か、あるいは何十世代かを経た世代の星だから、そこには重い元素がたくさん存在し、われわれのような惑星や生命のもとになった元素がたくさん存在した。そのためにわれわれがいるともいえるだろう。

われわれの星・太陽は生まれてから46億年ほど経過しているが、あと約50億年後には、やはり水素燃料がなくなって、惑星状星雲を残す、静かな死にかたをするはずである。そして、太陽でつくられた炭素や酸素が、再び次の世代の星たちに受け継がれることになるだろう。

### ぼくたちは星のかけら

現代天文学が明らかにしたのは、星の輪廻転生だけではない。われわれ人間そのものをなしている物質の半分以上が、実は星の中で合成されたものであったこともはっきりさせている。

宇宙はビッグバンから始まった。しかし、少なくともこの宇宙の最初の物質のほとんどは水素であった。水素以外の物質は皆無といっていいほどだったのである。水素だけからなる宇宙が膨張すると同時に、不思議なことに重力が生まれ、星ができるようになった。

この宇宙の中で最初の天体は何か、ということはまだはっきりと解明されたわけではない。が、いずれにしろ、星ができ、星の集まりである銀河の赤ちゃんもできた。そして、その第一世代の星のまわりには惑星は誕生しない。生命も誕生しない。なぜか？　水素以外の元素が皆無だったからである。炭素も酸素も窒素もない。だから岩だらけの惑星もできないし、水がないので（水は水素と酸素からできているので、酸素がなければできない）海なども誕生しようがなかったのである。

だが、第一世代の星たちが、この宇宙を激変させたのである。星の中で水素が高温高圧になり核融合を始めた。ヘリウムへ、ヘリウムから窒素、炭素、酸素へ、そして重い星ではさらに中心では珪素《けいそ》から鉄までの元素ができた。前述したように、重い灰のせいで星がつぶれ、大爆発を起こすと同時に鉄が一挙に反応し、金、銀、銅、プラチナなどの鉄よりも重い元素ができた。それら、さまざまな元素が宇宙にばらまかれ、次世代の星へと取り込まれたのである。

こうして第二世代の星たちからは、その星のまわりに惑星や生命が誕生する条件が整うことになる。もちろん、世代を重ねるほど、水素に対してより重い元素の存在比率は上がっていくから、生命も宇宙が年齢を重ねるほどに誕生しやすいのかもしれない。

そうしていったい、何世代をすぎたであろうか。銀河系のある場所に太陽が生まれようとした。そして、その母親である暗黒星雲には充分な量の重元素がもたらされていた。星たちの輪廻転生を経てもたらされた物質である。そして太陽ができるときに、そのまわりで円盤ができて惑星たちができあがった。円盤には水素以外の重い元素が濃縮され、地球のような岩だらけの惑星ができた。そこに炭素や窒素や酸素が多量に含まれていたので、いまのような生命が誕生するにいたったのである。

いずれにしろ大事なことは、私たちの生命そのものや、その生命が依存している惑星・地球に含まれる物質の大半が、すべてかつて宇宙のどこかで光り輝いていた「星のかけら」だということである。読者の体の中にも、遠い昔に星の中でつくられた物質が入っているのだ。また、みなさんがアクセサリーにしている金や銀、あるいはプラチナといった指輪やペンダントも、もともとは超新星爆発によってつくられた星くずなのである。なんとなく不思議な気がするのは、筆者だけだろうか。

そういう意味では生命誕生は必然であるといえるかもしれない。水や温度などの適当な環境があれば、材料は宇宙に普遍的にあるから、どこにでも発生しうる。アミノ酸は隕石の中からも見つかるし、他の星のまわりにも続々と惑星が確認されつつある。いま、この瞬間にもわれわれと同じように宇宙に思いを馳せている宇宙人たちがたくさんいるはずである。

だが、天文学はその一方で、生命発生と進化の条件が非常に厳しいことも明らかにした。地球からほんの少しずれた軌道をたどる火星や金星では、少なくとも知的生命は発生しなかった。宇宙は茫漠《ぼうばく》たる奥行きを持つのみならず、大部分がわれわれ人類のような生命の住むことのできない不毛の地であることを教えてくれた。宇宙を知れば知るほど、青い地球がじつに絶妙なバランスの上に存在している宇宙のオアシスであることを思い知るのである。

宇宙のどこにでもある材料から発生しうる生命の普遍性と、その発生に必要な環境の希少性。これこそ、わが文明があらためて星空から教えられたことなのかもしれない。どこかの宇宙人も地球と同じようにきわめて貴重な環境の上に育っているに違いない。そして、彼らも自分たちの生命の普遍性と環境の貴重さを認識しているはずである。

秋の空に輝く星を眺めていると、あの星たちでできた物質も、輪廻の末に遠い将来にどこかの生命になって、自らを生み出した光を眺めて納得する日がくるのであろうか、と妙に不思議な気持ちになるのである。

## 11月――流れ星が降りそそぐしし座流星群

### しし座流星群とテンペル・タットル彗星

11月といえば、しし座流星群が世の中をずいぶんと騒がせたものである。その騒動のはじまりは1998年であった。この年は、しし座流星群の母親であるテンペル・タットル彗星が回帰し、大出現があるかもしれないと予想されていた。そのうえ、観測条件が世界的に最もよいのが日本を含むアジア地域だったため、一般の人も大勢、流れ星を見にでかけるという大騒ぎになった。

1998年の11月17日深夜。筆者は中央高速を車で飛ばしていた。車のトランクには機材が積まれていて、いつでもどこででも観測ができるように準備してある。直前の天気予報によれば、その夜は冬型が強まり、関東の平野部や甲信地方では日本海側に近いほど天候が悪いと予想されていた。それを聞いて、東北道を北上するのをやめ、中央道を西へ走り、長野県野辺山高原にある国立天文台野辺山宇宙電波観測所へ向かうことにしたのである。

しかし、ハンドルを握る筆者の胸中は、あまり穏やかではなかった。すでに17日の明け方には薄明の中で明るい流れ星が次々に飛んでいるのが目撃されていた。さらに滋賀県の信楽《しがらき》にある京都大学超高層電波研究センターのMUレーダーによる観測では、日本時刻の17日昼にかけて、相当数の流れ星が出現したことがわかっていた。これは、しし座流星群の活動にしては早すぎた。1998年のしし座流星雨の出現のピーク予測は、日本時刻18日午前4時前後であった。アメリカ航空宇宙局（NASA）も、この予測に従って、沖縄に2機の飛行機を派遣していた。だが、この極大時刻の半日以上も前から活発に流れ星が出現しているのは、どう考えてもいい状況ではなかった。

というのも、過去の50例を超えるしし座流星雨の古記録の中で、出現記録が世界中を一周して存在しているのは、1532〜1533年の流星雨だけである。これは、しし座流星雨の激しい出現は、通常は24時間も持続しないことを示している。たとえば、1時間あ

東欧スロバキアで撮影された1998年のしし座流星群（モドラ観測所提供）

たり10万個以上の流れ星が出現した1966年の例でも、活発なのはたった2時間あまりで、それ以外はまったく平凡な出現しか見せなかった。今朝の活発な状態が、明朝まで続くとはとても思えないのである。観測可能な地域が地球の自転につれて、ヨーロッパ、アメリカと移動し、再び日本にやってくるころには、すでに活動が収束に向かい、まったく出なくなってしまっているのではないだろうか。期待していた時刻には流れ星の出現が終わっている可能性さえあったのである。

そんな不安の中、ハンドルを握り野辺山に向かう筆者の携帯に続報が入ってきたのは、大月インターあたりであった。

「スペインのカナリー諸島で1時間に2000個！」

国立天文台の広報普及室に待機していた同僚からのニュースに、車を運転する腕がいっそう、重くなってしまったのである。

### 33年周期のしし座流星群

8月のペルセウス座流星群のところでも紹介したが、流れ星になる塵粒は、もとはといえば彗星がまき散らしたものである。彗星の通り道(軌道)には塵がたくさん流れているので、この彗星の軌道付近を地球が通過すると、たくさんの流れ星が現れ、流星群となる。地球が特定の彗星の軌道に接近する時期は決まっているため、毎年ほぼ同じ時期に現れる。当然ながら、流星の塵粒は、それを生み出す彗星のそばにはたくさんある。したがって、母親である彗星が太陽に近づいているときには流れ星の数は多くなる。しかし、それも流星群によって特徴があり、ペルセウス座流星群のように毎年ほとんど同じように出現する流星群もあれば、ジャコビニ流星群のように13年ごとにしか姿を見せない流星群もある。ジャコビニ流星群と同様、母彗星の回帰に伴って、流星を降らせる流星群の代表が、このしし座流星群である。

しし座流星群の大出現ほど、すさまじい天文現象もあるまい。1時間あたり、数万、時には10万個もの流れ星が雨のごとく降り注ぐ。そのため流星雨あるいは流星嵐とも呼ばれる。

1533年に出現したしし座流星雨は、世界中で目撃例があり、日本の「足利季世記」にも「満天諸星悉ク動揺シテヒラメキ流テ、海陸エ石ノ如ク砕ケ落散ケル」と詳細に記録されているほか、中国の明の古記録にも「大小流星縦横交行、不計其数」「星隕如雨」などと記されている。しし座流星群の壮観さは、あのフランスの有名なロマン・ロランをして「しし座の流星群」なる戯曲を誕生せしめたほどである。

しし座流星群の母彗星であるテンペル・タットル彗星は、33年の周期で回帰してくる。前々回は1966年1月に太陽に近づき、その年の11月17日夜、アメリカ大陸の上空に1時間あたり15万個もの大流星嵐を出現させた。目撃談によれば、まるで「地球がしし座の方角に向かって動いていくような錯覚」にとらわれたという。

世紀末のテンペル・タットル彗星は、1998年2月28日に太陽に最接近した。そして、1998年から数年間、しし座流星群の大出現の可能性が指摘されていた。しかも1998年に、地球が流星群の軌道に最も近づくのは11月18日午前4時前後。したがって、この時刻前後が大出現の可能性が最も高いといわれていたのである。そのため、世界的に見て日本から中国東部、東南アジア付近が最も条件がよかったはずであったのだが。

## 大火球の出現と流星痕

国立天文台野辺山観測所に到着したのは、ほぼ深夜0時であった。すでに東の空にはしし座が上ってきており、流星群の出現が見られる時間帯となっていた。先遣隊《せんけんたい》と合流し、観測装置をセットしていると、東の空からすーっと明るい流星が現れた。おーっという歓声が一斉にわいた。

「ししは、なんとかまだ飛んでいる！」

少なくとも出現数0ということはなさそうであった。しし座流星群の流れ星となる塵粒は、地球に正面衝突する形で飛び込んでくる。そのために突入速度が速くなり、一つ一つがきわめて明るく輝く。いくつかでも出現すれば一般の人でも容易に見られるはずだ。いずれにしろ、流れ星が現れて、これほどほっとしたのははじめてであった。

結局、当日の日本では前年よりもやや多い程度、1時間あたり50個程度の「にわか雨」に終わった。同時に、流星雨の予想がいかに困難であるかを知る格好の例となったのである。実際、たくさんの明るい流星が流れたのは、当初のピークと予測された18日午前4時ではなく、それよりも17時間も前の17日午前11時前後であった。

当時、その時間帯が夜にあたったのは東欧から西欧にかけてで、1時間に400個を超える流星が流れた。その後、流星数は急速に減少、日本が観測可能な時間帯を迎えたころには、流星数も1時間あたり50個程度に減ってしまったのである。

それでも、明るい流星が多かったので、都心でも眺めた人は多かったようである。とりわけ、午前4時13分過ぎには伊豆半島上空に非常に明るい大火球が出現し、大歓声があがったのは救いであった。この火球はじつにみごとなもので、東北南部から関西までの広い範囲で目撃され、その出現後にはすばらしい煙のような痕跡を残し、数十分にわたって輝き続けた。上空の風を受けて、その形がどんどん変化していく様子も注目された。

流星の出現後に現れる煙のようなものを流星痕と呼ぶ。ほとんどはすぐに消えてしまうが、明るい流星の場合には、このように濃く、かつ継続時間の長い流星痕が現れ、これを特別に「永続痕」と呼んでいる(236ページ口絵参照)。

流れ星そのもののメカニズムはほぼ解明されたが、この永続痕が光り続けるメカニズムこそ、流星現象の中でも最後に残された謎である。われわれの観測グループでは、この永続痕の観測に成功した。色とりどりに光る流星と、その痕跡の中に、さまざまな物質が光っていることがわかったのである。しし座流星雨は、にわか雨の中でも大きなプレゼントをくれたようである。

## ヨーロッパ上空の大流星嵐

そして翌1999年。さすがに2年目になると、マスコミもそれほど大きく取り上げなくなり、1998年ほど大騒ぎにはならなかった。しかも、出現のピークは18日の午前11時ごろとされ、日本では見えない昼にあたっていた。そのうえ、悪いことにピークに向けて、上り調子になるであろう17日深夜から18日にかけては、日本は全国的に天候に恵まれなかった。筆者は、この年も晴れ間を求めて、常磐道をまっすぐ北へ向かい、福島県まで足を伸ばしたほどである。結局、せっかくきたのだからと阿武隈山系の滝根町星の村天文台へ立ち寄り、そこで観測をしようと待機しているうちに、やはり曇ってしまった。コーヒーをごちそうになっただけで、そのまま帰京した。トランクの観測機材はいっさい使うことなく、一夜にして700kmを走り抜いた計算になる。

しかしである。日本で夜が明けたころから、京都大学のレーダーが異常をとらえ始めた。流星の数が増え始めたのである。そして、ピークと予測された日本時間18日午前11時には、かつてないほどの流星が観測された。日本では、移動性高気圧が西から列島をおおい、好天に恵まれ始めていた。そして、一部のベテラン観測者たちは白昼、その青空の中を白く光る流星をとらえていた。そのころ、まさしく深夜を迎えていたヨーロッパ上空で、しし座流星群は大出現していたのである。

1時間あたり数千個。これは立派な流星嵐である。残念ながら、ヨーロッパ全域で天候が悪かったが、幸いアメリカ航空宇宙局の航空機観測は、その雲の上でしし座流星群の全貌をとらえることに成功した。史上はじめて、流星嵐の観測に成功したばかりでなく、日本から持ち込んだ高感度カメラ（NHK高感度ハイビジョンカメラ）によって、歴史的な映像が記録されたわけである。一部のアマチュア天文家は、晴天率の高いエジプトやトルコなどへ遠征し、観測に成功している。

大出現の報がもたらされ、筆者は電送されてきたしし座流星群の映像を見て、息をのんだ。飛行機には筆者の指導する大学院生が搭乗していたのだが、自分が乗ればよかったと思わずにはいられなかった。そして、その夜はここ数日の疲れが出たせいもあり、帰宅して早々に床についてしまった。

ところが、またまた予想外のことが起きたのである。18日深夜から19日の早朝にかけて、しし座流星群は1時間あたり100個を超える出現を見せたのだ。この第二のピークは、まったく誰も期待していなかった。ヨーロッパの大出現後、アメリカ、ハワイと数十個程度の出現に終わっていた。それゆえ、そのまま活動は収束するにちがいないと誰もが思っていた。

また、日本では前日に筆者のようにむりをしてあちこちかけずりまわった天文ファンが

1998年２月に太陽に近づいたテンペル・タットル彗星。33年周期で回帰するしし座流星群の母彗星である（国立天文台）

多く、翌日は出ることもないだろうとみな疲れて寝てしまっていた。全国的に天気が安定したせいで、あくまで粘った一部のベテラン観測者だけが、しし座流星群を堪能したようだ。歯ぎしりをして悔しがった天文ファンも多かった。

いずれにしろ流星雨の予測は、天気予報よりも困難である。彗星の軌道上の１㎝足らずの塵粒は、地上からあらかじめ見えない以上、これからも正確な予報は難しいだろう。21世紀のしし座流星群は最初のうちはかなり楽しめると思われる。それでも２００３年ごろには出現も少なくなり、２０３０年ごろまでには、ほとんど見えなくなるだろう。次回の出現は２０３２年から２０３３年とされているが、20世紀に比べると地球が流星群の軌道から離れていくために、条件は悪いとされている。それでも、ずっとしし座流星群を追いかけてみたいものである。

毎年、どんな塵の群れと遭遇するのか、それが濃くて細い群れか、広くて薄い群れか、まったく見当がつかない。どこに極大がくるのか、日本上空ではどんな出現を見せてくれるのか、確固とした予想は困難である。予測できないところにこそ、魅力があるともいえる。毎年毎夜、あきらめずに空を見上げていた人だけに幸運の女神はほほえむのかもしれない。

## 冥王星のかなたに

1900年代最後の年である1999年、ひっそりと惑星の配置換えがあった。太陽から最も遠い惑星が、それまでの海王星から冥王星へと逆転したのである。

惑星の配置は、年配の人なら「水金地火木土天海冥(すいきんちかもくどてんかいめい)」と習ったはずだ。ところが、この並べ方の最後尾である海王星と冥王星は、1979年に太陽との距離を逆転させ、「水金地火木土天冥海」となった。これ以降、冥王星は太陽に次第に近づいて、1989年9月に近日点(太陽に最も近づく点)を通過した。このときの太陽との距離は30天文単位をきって、29・6天文単位(1天文単位は地球と太陽の距離で、約1億5000

万㎞）となった。一方、海王星の距離は30・2天文単位であり、じつに9000万㎞ほどの差で冥王星のほうが太陽に近い状況となったのである。その後、冥王星は、また次第に太陽から遠ざかり、ついに1999年2月に海王星より再び遠くなった。20年ぶりに元通りの順番に戻ったわけである。最新の計算では、この逆転が起きたのは1999年2月12日で、そのときの両者の太陽からの距離は30・13189天文単位となる。しかし、なにしろ冥王星は太陽系でも惑星探査機の訪れたことのない最果ての惑星である。しかも発見されたのは1930年。周期240年で一周する大きな軌道を、発見後、わずか3分の1もめぐっていない。そのため、軌道がそれほど正確に決まっているわけではないので、計算の根拠となるデータに何を使うかによって、逆転の日時はかなり異なってしまう。別の暦で計算をしてみると、2月9日になり、そのときの太陽との距離も少し異なってくる。細かいことを気にしても意味はないのではあるが、それだけ最果ての地であるといえるだろう。

ところで、冥王星が海王星の内側に入り込んでしまうなら、長い年月の間には、いつか衝突してしまいそうな気がしてしまうものである。が、そこは太陽系の不思議なところで、両者はお互いに衝突を避けるようなじつに絶妙な関係を保っているのである。

冥王星の軌道は大部分の惑星が集中している平面（黄道面）に対して、17度の角度をもって、大きく傾き、かつゆがんでいる。そのため、1999年までの20年間のように、冥王星は海王星の軌道を横ぎって、海王星よりも太陽に近づく時期があるものの、そんな状況時には海王星は冥王星のいる場所から遠く離れている。冥王星は、公転のスピードが海王星よりも遅いため、海王星に追い抜かれることがあるが、そのときは冥王星は必ず太陽から最も遠く離れた場所（遠日点）にある。したがって、冥王星は海王星の重力の影響を最も受けにくい場所で、海王星に追い抜かれるわけである。太陽系ができてから46億年間、この状況はほとんど変わらず、海王星と冥王星は一定の距離を保っていると考えられる。

なぜこのような状況になるかといえば、冥王星の公転周期が海王星の公転周期とちょうど3対2の整数比になっているからである。すなわち冥王星が2周する間に、海王星が3周する。したがって、冥王星が海王星に追いつかれる場所が冥王星の遠日点で起きたとすると、ちょうど495年（＝冥王星の軌道周期の2倍＝海王星の3倍）ごとに、まったく同じ状況が繰り返されるのである。したがって、冥王星が太陽に近いときには、海王星と近づくことはありえない。このように一定の数学的正確さでお互いの関係が保たれることを、天文学では軌道周期の尽数関係、あるいは軌道の平均運動共鳴と呼んでいる。逆にいえば、そのような関係にあったからこそ、冥王星は海王星という巨大な惑星に振りまわされることなく、いままで生きながらえた、ともいえるだろう。友人でも親密さがすぎるとその関係が崩れることがあるように、長続きするための絶妙の「間」を保っているわけである。

## 彗星の故郷「エッジワース・カイパー・ベルト」

平均的にいえば、この冥王星が太陽系第9惑星で、最果ての惑星である。では、その外側には本当に何もないのであろうか。第10惑星があるのではないだろうか。真の意味での太陽系の最果ては？　そんな疑問がふとわいてくるのではないだろうか。

振り返ってみると、宇宙の果てと同様、人類の宇宙を見る目がよくなっていくに従って、次第に太陽系の「果て」は広がってきた。天体望遠鏡がない時代には、土星が太陽系の最果ての惑星だった。18世紀になって天体望遠鏡のおかげで天王星の存在が明らかになった。19世紀、望遠鏡の高性能化と天体力学によって海王星が発見された。そして20世紀、写真技術の導入というテクノロジーの進歩が冥王星の発見につながった。そして、20世紀の終わりから21世紀にかけ、人類はＣＣＤという宇宙を見る最高の「電子の目」を駆使し始めた。そして、そこに見たものは、冥王星の外側に広がるまったく新しい世界「エッジワース・カイパー・ベルト」であった。

「エッジワース・カイパー・ベルト」というのは、冥王星を含む領域にある小天体の帯状構造である。しばしば海王星以遠天体（Trans-Neptunian Objects, TNOs）とも呼ばれる。われわれ日本のグループでは、これらを親しみを込めて「えくぼ」（ＥＫＢＯ）と呼んでいる。かつてアイルランドの天文学者エッジワースと、オランダ生まれの天文学者カイパーによってそれぞれ独立に提唱されていた、いわば彗星の故郷である。現在、観測される短周期彗星の大部分は、ここに起源があるといわれている。

現在まで軌道が確定した「エッジワース・カイパー・ベルト」に属する天体は、全部で250個を超えつつある。そして、じつにさまざまなことがわかり始めている。

EKBOはいずれも非常に小さく、暗い。冥王星を除けば、最大のEKBOでも直径500kmどまりで、ほとんどは100km台あるいはそれ以下である。そのため、かなり大型の望遠鏡でないと発見すら難しい。ちなみに日本で発見されたEKBOは、残念ながらまだない。EKBOの総数は未探査領域を考えると、単純に計算しても100km台の小天体だけでも軽く1000個を超えるのではないかと思われる。おそらく数十km台のものも含めると、その総数は数万個、数百万個、あるいは数億個に上るかもしれない。火星と木星の間にある小惑星の分布と同じく、当然ながら小さい天体ほど数が多いと思われる。ただ、そのサイズ分布も、サンプル数が少なく、それほど定まっていない。

天文学者は光の速度が有限であることを利用して、宇宙の遠方を調べることで宇宙の過去を知ろうとしている。太陽系では、「エッジワース・カイパー・ベルト」を見ることで、惑星成長の過程を眺めようとしているのである。

「エッジワース・カイパー・ベルト」想像図

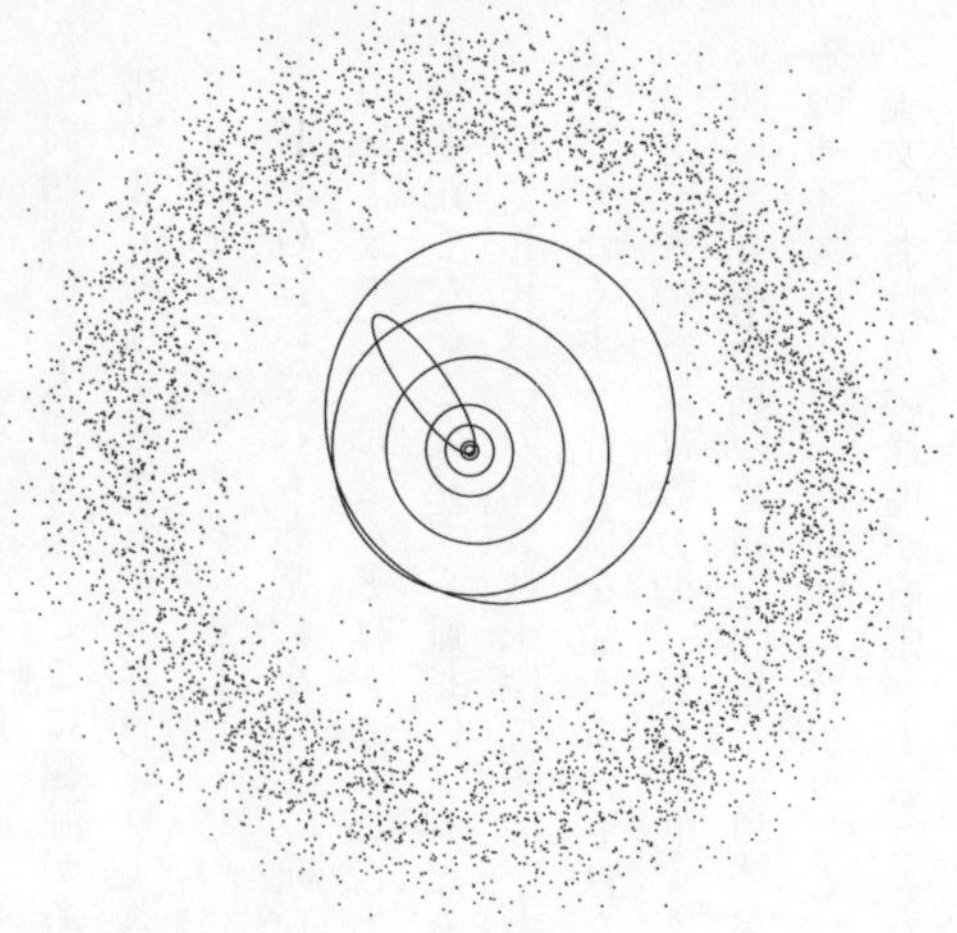

パイオニアなどの航行軌跡を分析すると、九大惑星や小惑星などの既知の重力源だけでなく、太陽系にもまだ見えない質量があるらしいという説もある。もしも、それが「エッジワース・カイパー・ベルト」とその外側に隠れた天体であるとすると、まだ何かが隠されている可能性は充分にある。未知の第10惑星。それは、実在するかもしれないのである。

そして、私はその存在を信じつつある。

ハワイに建設された世界最大級の光学赤外線望遠鏡「すばる」には、広視野カメラが装着されている。これを駆使すれば、冥王星の外側の姿をはっきりさせることができるにちがいない。

## 12月——星空に浮かぶ「宇宙水族館」

### 幻の流星群

学生時代には暇もあり、ずいぶんと流れ星の観測をしていた。流れ星の観測は、双眼鏡や望遠鏡などの特殊な機材がいらない手軽なものだったせいもある。肉眼で夜空を眺めて、現れる流星を記録するだけである。観測した夜は1年に30夜を超えるほどであった。もちろん、世の中には100夜あるいは200夜を超すなどという流星観測の達人もいるので、ちっとも自慢にはならないが、飽きっぽい性格の筆者にしてはずいぶんとのめり込んだものである。

今夜は変わった流れ星に会えるだろうか。明るい火球が出るかもしれない。あるいは未知の流星雨にめぐり会えるかも。そんな期待は、裏切られることがほとんどである。それでも、がっかりすることはあまりなかった。そして、また新たな期待を抱いて、寒空のもとに出かけていくのが流星屋なのである。

筆者は、流星にのめり込んでいくと同時に、ある程度の数を決まって降らせるメジャーな流星群だけではなく、滅多に会えない流星群にも会いたくなっていった。それまでの遠征観測といえば、せいぜいふたご座流星群、ペルセウス座流星群、それにしぶんぎ座流星群といった三大流星群に限られていたが、マイナーな流星群のときにもサークルの後輩連中をさそって東京近郊の山に登って眺めるようになった。

そのきわめつきだったのが、ほうおう座流星群をねらっての遠征観測であった。この流星群の名前は、ちょっとした天文ファンでも知らない人が多い。なにしろ、近年さっぱり出現したことがないからである。

ほうおう座流星群の名前が歴史に刻まれたのは1956年12月6日であった。日本の南極観測船「宗谷」が南極へ向かっている途中、インド洋上で突然の流星出現に遭遇し、第一次南極越冬隊の隊員により貴重な記録が残されたことで有名である。しかし、天文学の専門家がいなかったので、定量的な記録にはならなかった。火球クラスの明るい流星が多く、宗谷だけでなくニュージーランドから南アフリカまでの広い範囲で目撃されている。いずれにしても、この出現が最初で最後であった。そしてそれ以後、ほとんど出現した記録はない。

ともかく素性があまりよくわかっていない流星群で、母彗星も1819年に一度だけ姿を見せた周期5・1年のブランペイン彗星らしいということにはなっているが、これもはっきりしていない。なにしろ、この彗星のほうも、それ以来見つかっておらず、行方不明になっている。さらにいえば、流星の速度もゆっくりだとはされているものの、はっきりとした数値も知られていない。とにかく、通常は出現がないので、わからないづくしの流星群である。

さらに、この流星群を幻にしている理由がもう一つある。放射点が地平線に近く、出現があってもまったく気がつかない可能性が大きいからである。ほうおう座そのものも、地平線上にほんの少し顔を出すだけで、眺めた人も少ないだろう。ほうおう座流星群は、もともと日本ではほとんど見えないといっていい。この流星群の放射点を調べて計算すると、東京あたりでの地平高度は1度。大気差による浮き上がりを考慮してもせいぜい1・5度どまりで、地平線上にあるのもせいぜい2時間あまりである。かつて出現が目撃された12月6日前後には午後8時ごろに南中を迎える。

だが、見えないからこそなんとか見たくなるのである。よっぽどの大出現があれば、いくつかの流れ星が南の地平線から駆け上がるように出現するのが見えるかもしれない。そんな淡い期待だけで、筆者はサークルの仲間をけしかけて、数年間にわたって、この流星群をねらって遠征観測をした。残念ながら一つもそれらしい流星を見ることはできなかった。この時期、他に目立った流星群もなく、みな寒さに震えて夜空を見上げるのみに終わった。まあ、カノープスが見られたのが幸いではあった。

流星屋の常識からいえば、こんな時期に遠征観測をするほうがまちがっているわけだが、こんなばかげた挙行は、昔の仲間のいい笑い話の一つになっている。

その後、長らくほうおう座流星群のことは忘れていた。ところが、たまたま1999年12月はじめに南米チリにあるヨーロッパ南天天文台の大型望遠鏡VLTに観測に行く機会を得た。VLTはすばる望遠鏡のライバルともいえる口径8mの望遠鏡である。共同研究者との共同観測であり、はじめての南米での観測でもあったので、なかなか得難い経験を積むことができたが、観測中に突然ほうおう座流星群のことを思い出したのである。そして、観測の最中に30分ほど抜け出し、久しぶりに肉眼で流星観測を行った。といっても、ずいぶん急なことであったし、むろん流星観測の用具一式をいっさい持ち合わせていなかった。ともかく、ほうおう座流星群が出現しているかどうかを確かめられればいいと思ったので、観測とはいっても、ある時間内に数を数えるのと群判定をしただけである。

さすがにチリのアンデス山中だけあって、もはや日本には残っていないであろうほど完璧な夜空がひろがっていた。ちょうど見えていた木星があまりにまぶしく、VLTのドームに反射していた。冬の天の川さえもじゃまでしかたがない。黄道に沿ってぼーっと黄道光も見えている。もちろん、これだけの夜空だからこそ、日本の次期大型天体観測装置であるミリ波サブミリ波電波望遠鏡群も、このアンデス山中を候補地に選んでいるのである。

そんな理想的な夜空で数えた流星は9個ほどであった。そして残念ながら、そのどれもがほうおう座から発しているようには見えなかった。

幻の流星群は、筆者にとってはいまだに幻のままである。

## 冬空の土星

冬空に輝く土星には思い出がある。筆者が憧れの天体望遠鏡を手にいれたのは小学校6年の夏であった。口径11・3㎝という不思議な大きさの反射望遠鏡である。当時、筆者の育った会津若松市では唯一ともいえるデパートの眼鏡売り場に偶然にも飾ってあったものだ。ちょうど2万円の代物で、お金を貯めながら、そのデパートへいくたびに望遠鏡が展示してあるのを確認して、「よかった、まだ売れていない」と安心していた覚えがある。

その望遠鏡を手に入れてからというもの、晴れれば毎晩のように星を眺めていた。新品の望遠鏡の金属のにおい、おそらく艶《つや》消しの塗料のにおいだろう、あの独特のにおいに胸躍らせながら、次々といろいろな天体に望遠鏡を向けていった。最初にのぞいたのは、夏の星座の近くに見えていた木星ではなかったかと思う。確か、いて座からやぎ座のあたりの星座を形づくる星々をノートに記録しながらのぞいた覚えがある。だが、木星にはその後、強烈な思い出がたくさんできたせいか、そのころの印象はあまり残っていない。

そのかわりに鮮烈な思い出があるのが土星であった。当時、土星は冬の星座・おうし座の1等星アルデバランの近くに輝いていた。秋の夜、寒くなった夜風の中に望遠鏡を持ち出し、土星が東の空に上ってくる時間を待っていた。社宅の玄関が東に向いていて、その前が会社の駐車場になっていたので、東側の視界は開けていた。

そして、ようやく上ってきた土星に筒先を向け、のぞいた。もちろん、友人の望遠鏡でのぞいたことは何度もあったが、やはり「自分の」望遠鏡で見た感激はひとしおであった。それに冬の空に浮かぶ土星は、地球から見て環が最も大きく傾いている時期で、その均整のとれた姿は忘れられない。大気に揺らめく土星の姿と、凍てつく夜気に漂う望遠鏡の金属的なにおいが不思議にマッチしていた。

国立天文台三鷹キャンパスでは、1996年から毎月2回のペースで一般の人にも実際に大型望遠鏡で天体をのぞいてもらう観望会を実施している。社会教育用公開望遠鏡という名称をもつ50㎝反射望遠鏡を用いて、惑星や季節の星々を楽しんでもらっているが、この観望会でも人気がある天体は、なんといっても土星である。環を持つ土星の美しさに感激し、「よい冥土《めいど》のみやげになりました」といって帰るご老人がいるかと思えば、それまで友人たちとわいわいはしゃいでいた今風の女子高生が、土星の姿をのぞいた瞬間、言葉を失い、立ちつくしている。それほどに見たものを魅了せずにはおかない天体である。

土星は太陽系第2の大きさを持つ惑星で、本体の外見は全体的に木星と似ている。赤道半径は6万kmだが、環ははっきりしたものでも、その2倍以上の約14万km、希薄な部分まで含めれば8倍の約48万kmにまで広がっている。環は細いリングの集合体で、所々に密度が薄い隙間があり、発見者の名前から「カッシーニの空隙」とか「エンケの空隙」などと呼ばれている。あまりに美しいので、発見当初はレコード盤のような固体の平板ではないかともいわれたが、実際に環をつくっているのは細かい岩や氷の塊で、お互いにつながってはいない。場所によってはロケットで環の中に突っ込んでいっても、すーっと抜けていってしまうほどすかすかで、岩や氷が一つ一つばらばらに土星をまわっている。かつて土星のまわりをまわっていた衛星の破片か、あるいは彗星か小惑星などの天体の破片と思われている。土星の強い重力(潮汐力)による破壊か、あるいは何らかの衝突によってばらばらになった破片が、お互いに衝突を繰り返しながら、次第にこのような美しい形を整えていったらしい。環の中の細かな構造は、比較的小さな衛星が及ぼす重力の微妙な影響がつくり出す造形である。

### 環の消失

ところで、環は本体に対して非常に大きく広がっているものの、厚さは極端に薄い。土星の環は公転面に対して27度ほど傾いており、その傾きを保ったまま太陽を約30年かけて一周するため、地球は約15年ごとに環を真横から見ることになる。すると土星の環は非常に薄いので、地球からはほとんど見えなくなってしまう。環の厚さは密度の高いところでも、せいぜい数百m以下といわれている。土星までは13億㎞も離れているので、数百mの厚さというのは、限りなく無限小に近い。これを地上でたとえてみると、ちょうど東京都心から100㎞ほど離れた富士山頂の0・1㎜の紙よりも薄く見えることになる。これでは、どんなにいい望遠鏡を使ってもよく見えるはずがない。大きな望遠鏡でも、本当に環が消えたように見えるのである。

土星の公転周期の約30年に二度、この「環の消失」があるが、最近では1995年に起きている。特に、この1995年は観測的に条件がよかったので、われわれも消失前後の土星の見え方の変化を連続的にとらえることに成功した。この観測は、国立天文台社会教育用公開望遠鏡の最初の成果となった。しかしながら、少しやり残してしまったこともあった。望遠鏡の整備が遅れていたせいもあるが、観測後にどうしてもある程度の後悔が残ってしまったのだ。次の機会には、ぜひこれこれの観測でねらいたいなぁと同僚のF氏と話していて気がついた。実は、次の機会は果てしなく遠いのである。

次に同様の現象が起きるのは15年後の2009年。その次が30年後の2024年ごろで

環が美しい土星。29年５ヵ月で太陽を一周する（すばる望遠鏡）

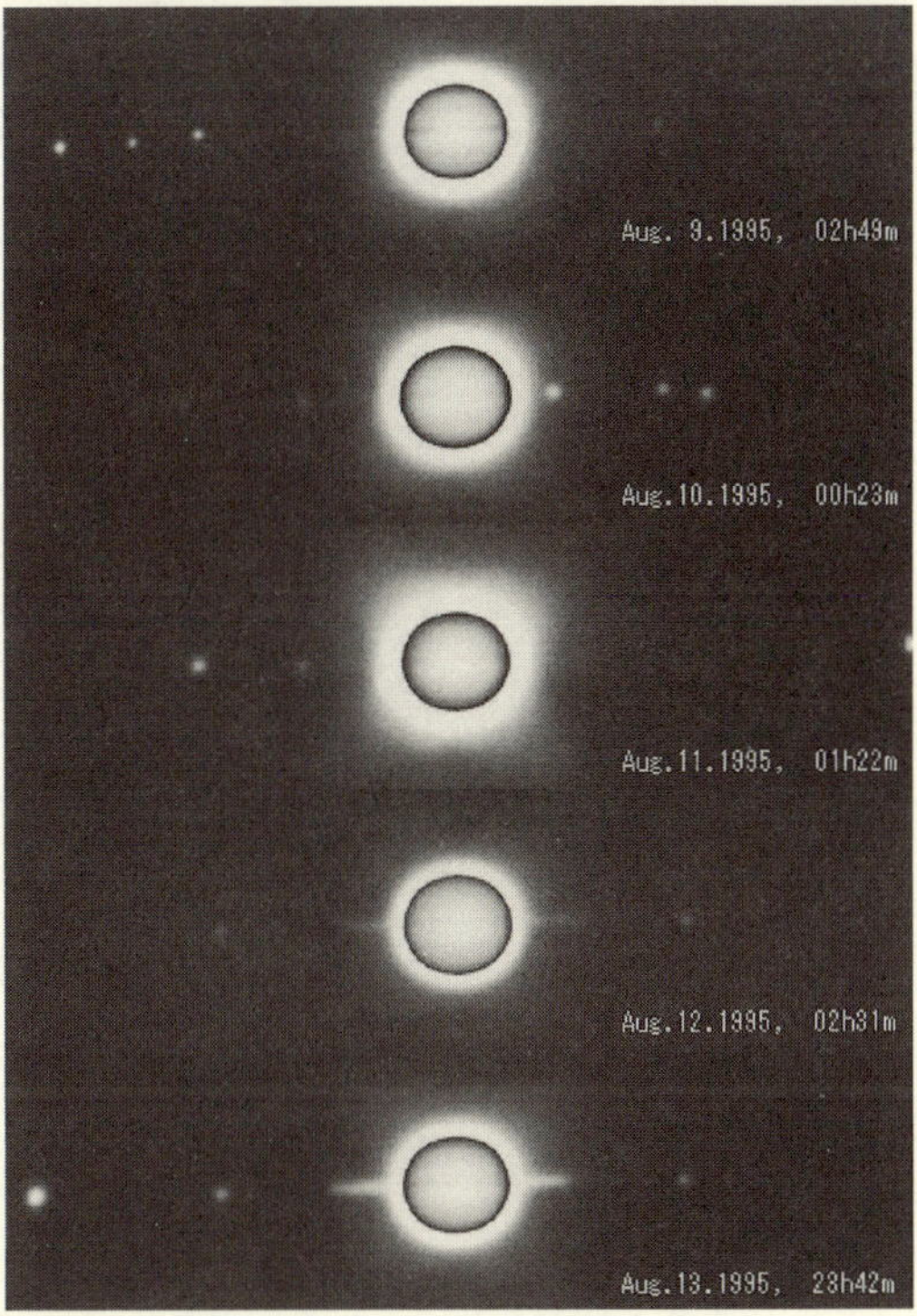


1995年の土星。環がない土星の珍しい姿（国立天文台）

あるが、どちらも実際の消失時には土星が見かけ上、太陽に近いために観測条件はよくない。したがって、環の見えない土星が1995年のように見られるのは、なんと2039年となる。二人とも、現役引退はもちろんだが、もしかするとこの世にいるかどうかさえわからない。「この次は見られないかも」そう思うと、天文現象の遠大さ、迂遠《うえん》さが身にしみるのである。

筆者が冬空に浮かぶ土星を見てから、すでに四半世紀が経過してしまった。私の望遠鏡は、三脚こそ腐ってぼろぼろになって、友人のものを拝借したままになっているが、その鏡筒からの金属臭は、かすかながらまだ残っていて、ときどき胸ときめかせた少年時代へと引き戻してくれる。

そして、太陽を一周するのに約30年ほどかかる土星は春、夏の星座をめぐり、秋の星座であるうお座に入って、冬の西空にある。2002~2003年になると、再び冬の星座おうし座に到達し、環が最も傾くはずだ。そのときには、あのときに見た均整のとれた姿、あのころと同じ姿の土星を、少年時代の望遠鏡で再び眺めてみたいと思っている。

**「宇宙水族館」**

師走になるとなんとなくせわしく、じっくりと夜空を眺める余裕もなくなってしまう。

が、忘年会の帰りなど、ほろ酔い気分で見上げる夜空には、勇者オリオンをはじめとして、さまざまな明るい星たちが色とりどりに輝きを競っているのに気がつく。控えめながら、ほのかにぼーっと輝くオリオン大星雲、白くぎらぎらと輝く三つ星、それをはさんで対峙《たいじ》する赤色のベテルギウスと青白いリゲル。その勇者に向かって、いまにもとびかかろうとするおうし座の目にはオレンジ色のアルデバランが光っていて、その脇には青白い星の集まり、すばるがある。

望遠鏡や双眼鏡を用いると、これらの種々の天体の素顔をさらに克明に眺めることができる。しばしば、宇宙が動物園にたとえられる所以《ゆえん》である。実際、きりん座やうさぎ座、おうし座、やぎ座など、実在の動物が星座になっているものも多く、さもありなんである。和歌山県の山間部にある美里町立の天文台などは、「星の動物園・みさと天文台」と銘打って人気を誇っている。

確かに動物園というたとえは、うなずくところ大なのではあるが、筆者などはむしろ水族館のイメージのほうがぴったりくるのではないかと思っている。宇宙の奥底を望遠鏡などで探っていくことが、まるで見えない海の底へどんどん潜っていくことによく似ていると思うのである。

観測をしていると、しばしば、もう少しで何か見えそうだという感覚を持つことがある。

望遠鏡による天体の撮影では、対象とする天体の明るさを推し量るために、必ずといっていいほど試し撮りをする。まずは短い30秒程度の露出で写り具合を見て、その後に適正露出を決めるのである。撮影が終わるとほどなくコンピューターの画面にその画像が現れる。最初の試し撮りの画像では、もちろん星の数も少なく、筆者がターゲットとするのが彗星であれば、その像もかすかにしか写らない。しかし、その彗星像のゆがみ具合や、明るさの集中度などから、この彗星には何かあるぞ、というのを感じることがある。

そこで、彗星の像の写り具合を測定し、もっと長い露出をかけて撮影を試みる。と、今度はぐんと星の数も多くなり、試し撮りでは見えなかった微かな彗星の尾などが浮かび上がってきたりする。

露出時間を延ばすことで、微かな構造や宇宙の遠方にある暗い星をとらえることができる。われわれの目の前に、次第に宇宙の奥が明らかになっていく。露出時間をどんどん延ばしていけば、原理的には相当に宇宙の果てに迫ることができるのである。

この天文学者の作業が、手法は違っても海の底まで見通そうとする海洋学者と似ている気がするのだ。その意味で、筆者は宇宙と海とが似ている、と感覚的に思うのである。そこに見えてくるさまざまな天体は、海の中の生き物たちといってもいいだろう。実際、星座にもうお座やかじき座、いるか座など海の生き物たちもたくさんいる。

また、動物園がどうしても二次元的な展示に終始してしまうのに対し、水族館は水槽の中の生き物たちを、その水槽の形を変えることで、三次元的に見せることが可能である。最近では、水槽の中にトンネルをつくって、その中を人間が歩くような展示のしかたもできる。水中に浮いているさまざまな魚たちが自分のまわりを取り巻いている感覚は、とても不思議なものだ。実際、宇宙は私たちをぐるりと取り巻いていて、その宇宙の中にさまざまな天体が、水槽の魚と同様に浮かんでいるわけである（237・238ページ口絵参照）。

### 重力レンズの不思議な光

ところで、水族館でさまざまな魚たちをガラス越しに眺めていると、屈折率の関係で魚が異様に大きく見えたり、ある場所にくるとゆがんで見えたりすることがある。そんな光のいたずらも宇宙にはたくさんある。

光は屈折率だけでなく、重力によっても曲げられる。厳密にいえば、光は直進し、空間が曲がっているために、曲がってくるように見えるだけである。が、いずれにしろ、宇宙の果てからやってくる光が不思議な模様をつくっている場所がたくさんある。その代表例が前にも触れた重力レンズといわれる現象だ。手前の銀河団の強大な重力のせいで、その向こう側にある天体の光がねじ曲げられ、たくさんの弓形のアーク（弧）をつくっている。

このアークは短いもの、長いものもあれば、明るいもの、暗いものまでさまざまだ。そして、すべてのアークが、ほぼ手前の銀河団の密集部分を中心にして、同心円上に並んでいる。まるで宇宙の深海底に出現した蜃気楼のようにじつにみごとな造形である。

これらのアークは、ちょうど銀河団の向こうにあるクエーサーか、あるいは遠方の銀河の光がねじ曲げられたものと思われている。このようなアークは、けっこうあちこちにあるが、これらはすべて微かなものなので、いままでは見つからなかったのだ。宇宙の深海を探る高性能望遠鏡の活躍が、不思議な世界を見せてくれた好例であろう。

芸術性はこれほどではないが、重力レンズでも二つの像に分かれているものや、四つに分かれているものなども見つかっている。レンズ現象を起こす天体の構造や重力の強さ、それに重力レンズとして光をねじ曲げられる天体の種類によって、さまざまな形になるらしい（239ページ口絵参照）。

ところで、天文学者はこの重力レンズ現象を天然のレンズとして利用し始めている。天然自然の望遠鏡のレンズと見立てることで、さらなる宇宙の果てを探る望遠鏡として利用するのである。大規模な重力レンズ現象では、通常のレンズと同様に遠方からの光をかき集めて、増幅する作用があるのだ。普通ならばかすかで見えない遠方の天体でも、重力レンズ現象を起こす天体がたまたま視線上にあれば、それによってアークのようにゆがんだ像になると同時に、5倍から10倍の光量になるはずである。したがって、天然の大望遠鏡のレンズとして重力レンズを利用すれば、宇宙の遠方の天体を見つけられるかもしれない。

## 最も遠い天体の発見

こうした利用の一例が、1997年に発表された赤く輝く紐《ひも》状の天体の発見につながった。この紐のような天体をよく見ると、重力レンズ現象特有のアークの形をしている。そして、その光はとても赤く見えている。色が極端に赤いのは、この天体がとても遠くにあって、光が届く間に青い光が吸収されているためと考えられる。夕日が赤く見えるのと同じ原理だ。

そこで、ハワイ・マウナケア山頂にある口径10mのケック望遠鏡を用いて、この紐を観測してみた。するとその距離は、なんと130億光年のかなたにある天体であることが判明したのである。これは、それまで知られていた最も遠い天体であるPC1247+34というクエーサーよりも遠いものであった。

さらに、紐のところどころに粒々の構造が見えている。これは、銀河の中で星が局所的に生まれているところと考えられる。もし、これが本当だとすれば、銀河は130億年前、すなわち宇宙が誕生してからたった10億~20億年ほどで、生まれていることになる。この発見は宇宙の歴史を知る上でも、たいへん貴重な発見となったのである。

こうして、あらゆる手段を用いて宇宙の深海底、すなわち宇宙の始まりを探っているのだが、まだまだ手が届いていない部分が多い。確かに宇宙が始まって20億年程度で、銀河やクエーサーができたことはわかってきた。そして、その前には何があったのか、という点も次第に明らかになりつつある。直接見ることはできないまでも、見える範囲で推定することができるからだ。

いま、見えているいろいろな銀河を観測してみると、ほとんどすべての銀河がわれわれから遠ざかっている。しかも、遠い銀河ほど遠ざかる速度が速い(240ページ口絵参照)。これは、それぞれの銀河の固有の運動ではなく、その入れ物、つまり水族館の水槽である宇宙そのものが膨張している証拠である。この宇宙膨張を最初に発見したのが、アメリカの天文学者エドウィン・ハッブルである。宇宙膨張に従って、銀河が遠ざかる速度と銀河までの距離が比例するという法則を、ハッブルの法則と呼ぶ。

現在の宇宙が膨張しているとすれば、かつてはかなり体積が小さかったはずだ。時間を逆転させると、どんどん一点に集まってしまうだろう。したがって、宇宙はかつてほとんど無限小ともいえる米粒よりも小さな空間から誕生したと考えられる。無限小から膨張して生まれた無限の空間。それが宇宙なのだ。

初期の急速な膨張が、あたかも爆発現象に似ているので、この膨張宇宙のことをビッグバン宇宙と呼ぶ。誕生直後に急速に体積を増加させる時代があり、これをインフレーションと呼んでいる。実のところ、インフレーションがなければ、この宇宙は、そのまま収縮に転じ、消失してしまったかもしれない。現在の標準的な理論によれば、この世の中(われわれが住んでいる宇宙という意味ではなく、広い意味での世界)には、無数の宇宙が存在しているらしい。そのうち、ごくまれにインフレーションを起こし、実在できるようになった宇宙だけが生き残れるようだ。われわれはその意味では、ずいぶんと幸運に恵まれているのかもしれない。

## 宇宙の年齢は?

ところで、いったい宇宙はいつ生まれたのだろう。この宇宙の年齢を決めるのが、実はかなり難しいのである。インフレーションの初期の急激な膨張を含め、現在の宇宙の膨張速度が一定であったかどうか、かなり疑問があるからだ。たとえば、宇宙全体に物質が高密度で充満しているなら、そのうちそれらの物質の重力がじわじわと効いてきて、膨張速度が落ちていき、場合によっては逆に収縮に転じることもあるかもしれない。この場合の宇宙は、時間的にも空間的にも有限となるので、閉じた宇宙と呼ぶ。一方、逆に膨張するエネルギーに対抗するほどの物質がない場合には、膨張を止めるものはないから、宇宙は永遠に膨らんでいくことになる。この場合は、閉じた宇宙に対して、開いた宇宙と呼ぶ。

この宇宙の物質の量が、どれほどなのかよくわかっていない。光っている物質よりも、光らない観測不可能な量の物質が大量にあるからで、これをいわゆる暗黒物質と呼んでいる。暗黒物質がいったい何でできているのか、見えない星なのか、あるいはブラックホールなのか、はたまたニュートリノ等の素粒子なのか、あるいはまだ見つかっていない未知の素粒子なのか。素粒子の一つであるニュートリノに質量があることは、日本の神岡鉱山地下にあるスーパーカミオカンデと呼ばれるニュートリノ観測施設の活躍でわかってきつつある。しかしながら、そこで明らかになりつつある質量は、暗黒物質を説明するにはやや小さい。

そこで、まったく別の方向から考えることにした。遠方の銀河や銀河団の観測を行うと、この宇宙が全体にどんな宇宙かがわかってくるはずだからだ。もし、遠方や特定の方向に銀河がぎゅうぎゅうにつまっているようなら、われわれの宇宙は非一様なものとなる。しかしながら、そんな場所は宇宙論的な規模では観測されていない。また、ビッグバンの名残である電波を観測してみても、全方向でほとんど強度が変わらない。すなわち、この宇宙はかなり一様・等方に限りなく近いことがわかってきたのである。どちらを見てもあまり変わらない景色が見えるし、遠くへ行けば行くほど銀河が少なくなるということもない。このような均一な宇宙を実現するには、物質密度にムラがあるような初期の宇宙の段階で、急激に膨張させる必要がある。これがインフレーションに相当する。そして、インフレーションが起これば、当然宇宙は平坦になる。これを標準的なビッグバン宇宙モデルと呼ぶ。このモデルが正しいとすると、この宇宙は開いた宇宙と閉じた宇宙のちょうど中間となる。これを「平坦な宇宙」と呼ぶ。平坦な宇宙は、膨張は永遠に続くものの、ぎりぎりのところで収縮には転じない。すなわち宇宙の物質密度がちょうど臨界なのである。

これで、めでたしめでたし、わが宇宙はビッグバン後、急激に膨張して一様・平坦となり、その年齢は80億年から110億年程度。幅があるのは、ハッブルの法則の膨張速度の決定誤差のせいである。物質の量はちょうど膨張と収縮がつり合う臨界値に近い、いわゆる平坦な宇宙である、という結論に落ち着く。

**アインシュタインの「宇宙項」**

ところが、ここで大きな問題に直面する。このモデルを採用すると宇宙年齢がせいぜい110億年程度となり、かなり若くなってしまう。一方、このような宇宙論とはまったく無関係に求められる天体の年齢に、これを大きく超えるものがあるのだ。

それはたとえば、4月のところで紹介した球状星団である。球状星団の星は質量が軽く、水素燃料を細々と燃やしながら長く生き続ける星である。この恒星進化の理論的計算等から、球状星団の星たちの年齢は150億年程度であることが示唆されている。もちろん、中には110億年程度の若い球状星団も存在するとされているが、それでも130億年を超える古い球状星団が存在する。いずれにしろ、宇宙の年齢よりも古い星があるはずがない。これこそが、宇宙年齢の大問題とされるものである。

すなわち、ビッグバン標準モデルが悪いということになる。かつて、いわれていた宇宙モデルには、膨張をさまたげるほどの物質がほとんどないとする低密度宇宙モデルがあった。これを採用すると、宇宙年齢は120億年から160億年となり、最古の星の存在と矛盾はしない。しかしながら、このモデルでは、初期のムラが宇宙に残ってしまい、一様・平坦な観測事実を説明できない。ビッグバン標準モデルも低密度モデルもだめなのだ。

手づまり状態の宇宙年齢に、かすかな希望を持たせたのは、20世紀の大天才アインシュタインが考えた「宇宙項」であった。これは宇宙を表すアインシュタイン方程式が、どうしても膨張あるいは収縮する宇宙を示してしまうので、その変化をとめるために彼がつけ加えた項であった。

彼が宇宙項をつくり出したのには、わけがあった。20世紀の初頭には、この宇宙は膨張も収縮もしていない、静止したものと考えられていたからである。これを「定常宇宙」と呼んでいる。一方、方程式から考えると、初期値にもよるが、宇宙は重力によってあるいは収縮していく。これを止めるために、重力に対して斥力《せきりょく》の項を入れたのだ。この定常宇宙を再現するためにつくり出した宇宙項は、その後の観測で、宇宙が膨張していることが発見されると、彼自身をして「人生最大の失敗」といわしめたものである。

しかしながら、しばらく忘れ去られていた宇宙項が、宇宙モデルの解決になりそうなのである。宇宙項を考えると、初期の宇宙の急激な膨張後、しばらく緩やかな膨張が続き、再び膨張が加速していくという、非常に複雑な歴史を歩む宇宙が実現する。しかも、宇宙項は、いわば真空のエネルギーが全宇宙のエネルギーに占める割合だから、任意の値をとれるのである。これがたとえば8割であるとすると、宇宙年齢はじつに150億年となり、しかも一様・平坦な宇宙を実現できるのである。そうだとすると、この宇宙は徐々に加速しているはずである。

では、この宇宙は本当に加速しているのだろうか。最近の観測によれば、次第にその加速が見え始めた。遠方の銀河に出現する超新星の観測がすすんでいる。超新星のI型というタイプでは、その最大の明るさはほぼ一定であることがわかっている。これをいわば灯台とすることで、遠方の銀河の正確な距離がわかる。一方、その銀河がわれわれから、ど

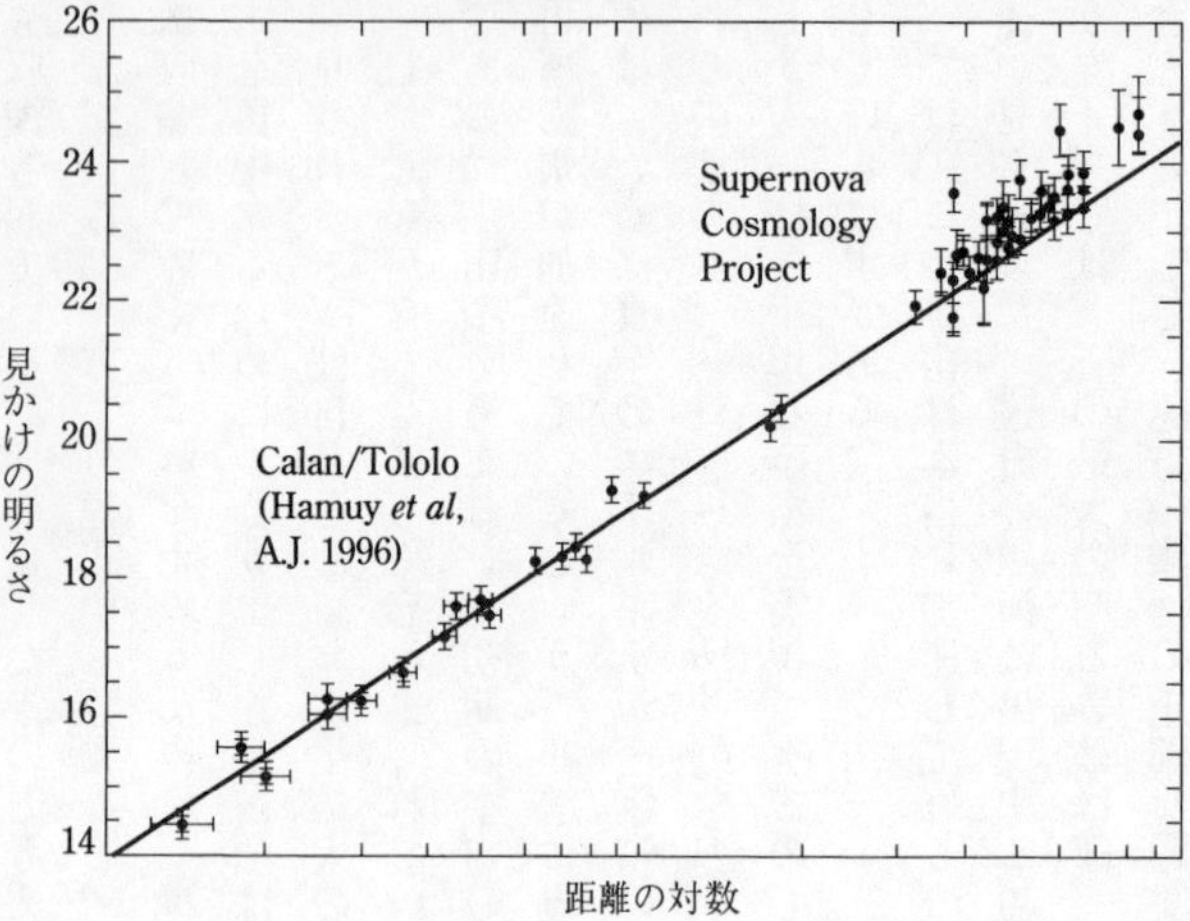


Ia型超新星と宇宙モデル

の程度の速度で遠ざかっているかを調べれば、膨張速度がわかる。それをプロットしてみると、明らかに膨張速度が加速しているらしいのである。

だが、グラフを見てもわかるように、まだまだ観測誤差が大きく、宇宙項の必要性やそのモデルをはっきり決めるにはいたっていない。宇宙の水族館の水槽の形や大きさを決めるためには、もっと大きな望遠鏡で、もっと遠くを見る必要に迫られているが、水底はなんとか見えつつある。21世紀には、われわれがどんな水槽にいるのか、はっきりする日がきっとくるだろう。

織姫の指輪のようなこと座のリング星雲（M57）
（左）がカラー合成、（上）が水素ガスの光で撮影したもの
（すばる望遠鏡）

すばる望遠鏡が撮影したおおぐま座の特異銀河M82。中心部で爆発的に星が生まれ、死んでいっているために、水素ガスが激しく吹きだしている

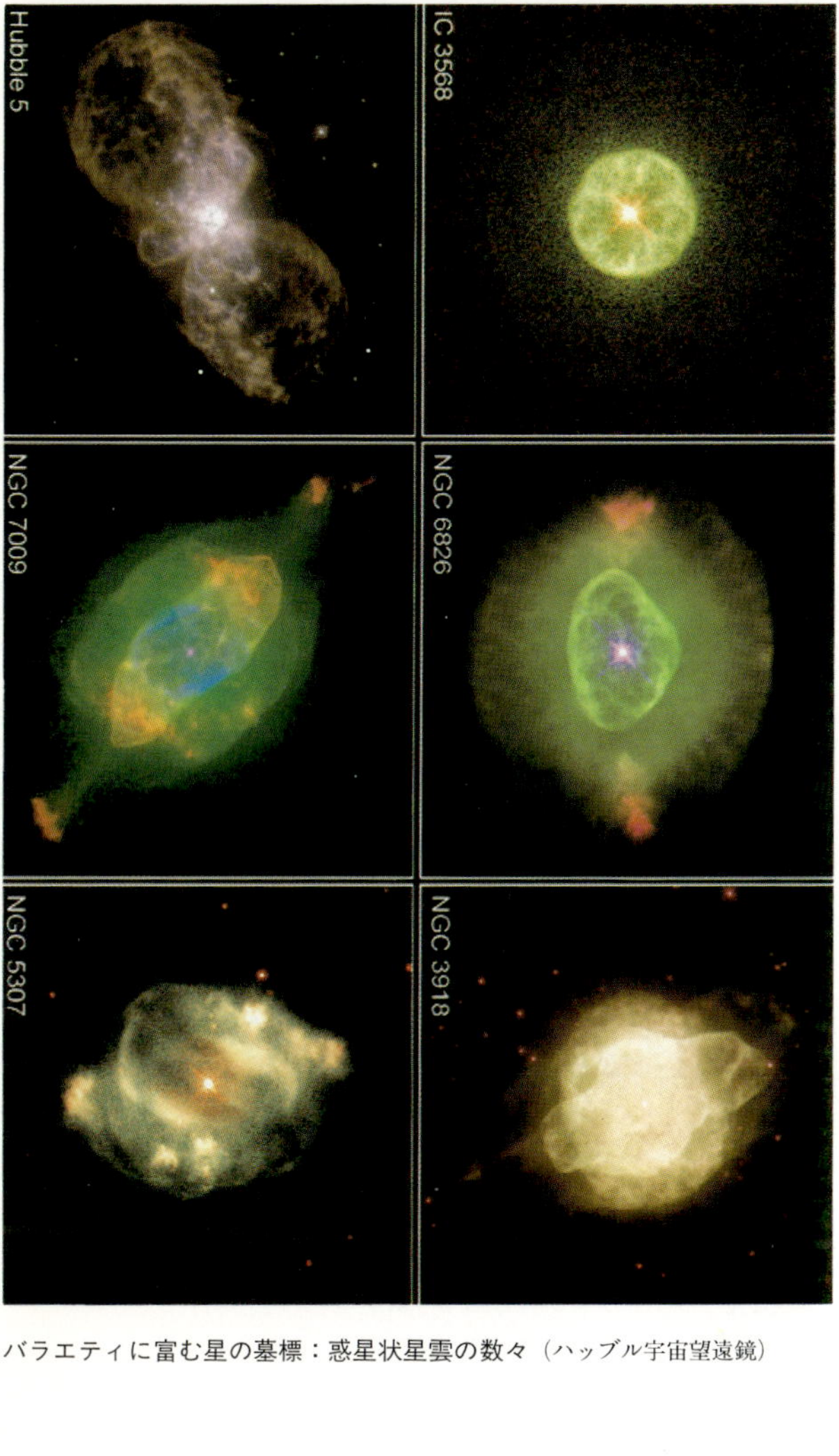


バラエティに富む星の墓標：惑星状星雲の数々（ハッブル宇宙望遠鏡）

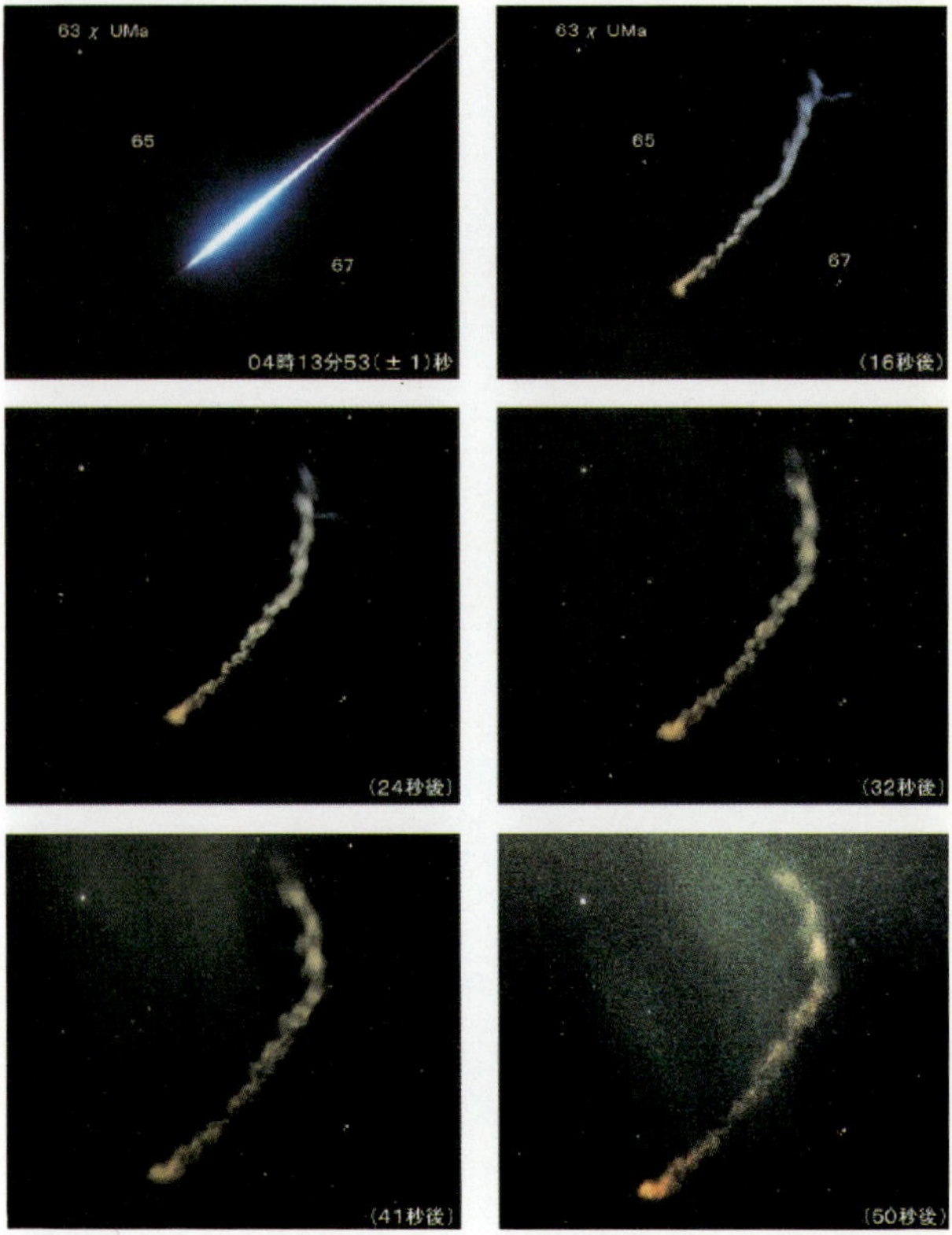


1998年11月18日午前4時13分、伊豆半島上空に出現したしし座流星群の大火球とその流星痕の時間変化。その色の美しさに注目（東京都日野市・大林新氏提供）

「宇宙水族館」その1：ろ座の銀河団にある棒渦巻き銀座NGC1365（VLT/ESO）
「宇宙水族館」その2：うみへび座の銀河ES0510-13。円盤銀河の円盤は、必ずしも平坦になっているとは限らず、この銀河のように、横から見ると円盤部がゆがんでいるものがある（VLT/ESO）

(上)「宇宙水族館」その3：おうし座のかに星雲（VLT／ESO）

(左)「宇宙水族館」その4：くじゃく座の衝突する銀河（VLT／ESO）

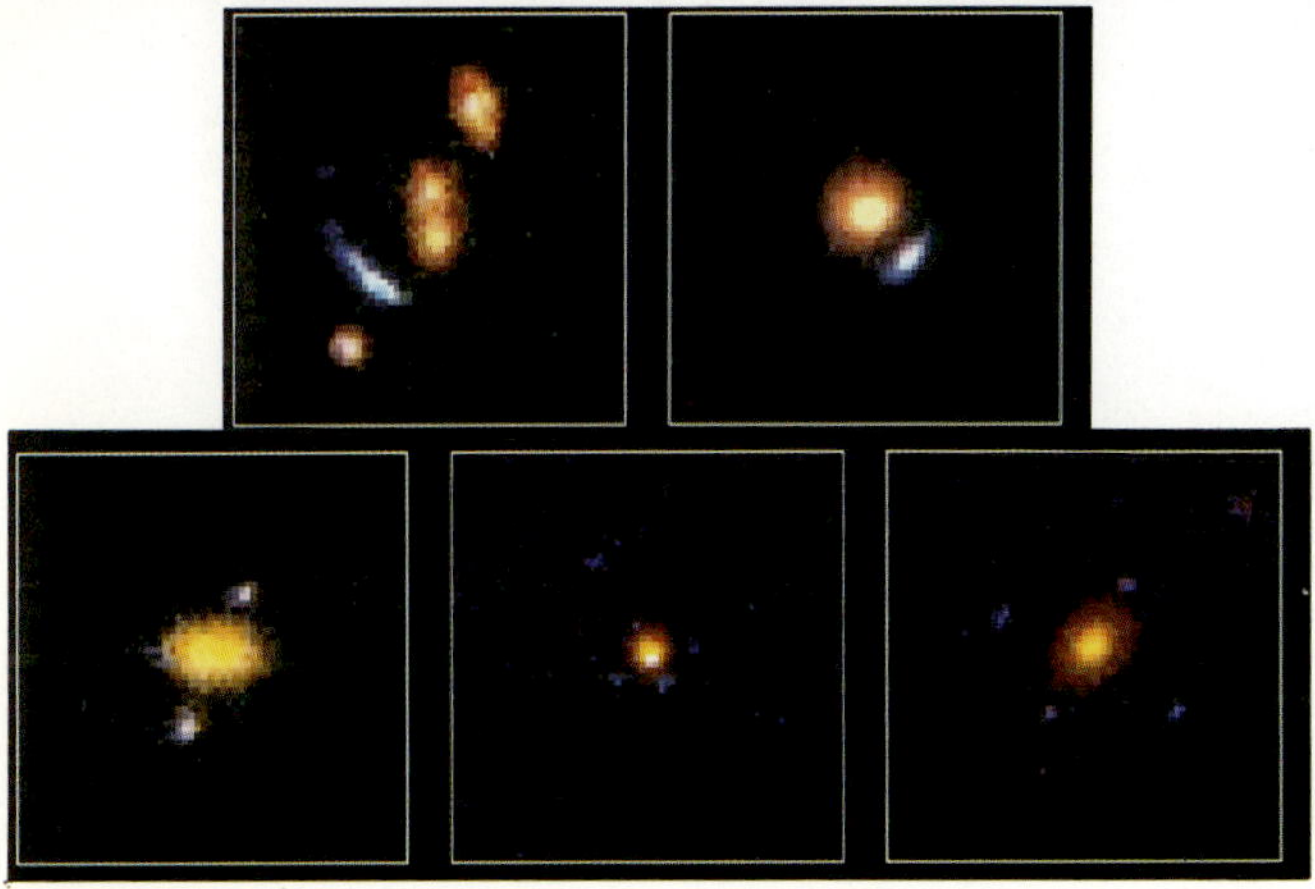

(上)宇宙の蜃気楼・重力レンズのアーク（ハッブル宇宙望遠鏡）
(下)重力レンズのいろいろ。レンズを引きおこす手前の天体と、向こうの天体の性質により、さまざまな虚像を描く（ハッブル宇宙望遠鏡）

人類が目撃した最も遠方の景色。この画像のほとんどの天体が遠方の銀河である（ハッブル宇宙望遠鏡）

# おわりに――星空浴のすすめ

大騒ぎをした1998年のしし座流星群。筆者はその観測へ向かう途中、これはたいへんなことになったと思わざるを得なかった。都心を離れる深夜の高速道路が、星を見に行く車で混雑しているのである。途中のパーキングエリアでは、夜空を見上げる人ばかりであった。観測地である野辺山に着いても、東京周辺からの車と、新潟や富山ナンバーの車とが入りまじり、路上にあふれていた。当日は、冬型の天候が強まり、北日本や日本海側では天候に恵まれなかった。このため、急遽《きゅうきょ》、太平洋側に移動した人もかなりいたのだろう。

そして時ならぬ混雑のため、数少ないコンビニには商品がなくなり、レストランはあまりの客の多さに満足な対応ができなかったようである。きわめつきだったのが、都心へ帰る車の大渋滞であった。筆者自身もその渋滞に巻き込まれ、東京に着くまでに5時間を要したほどである。

が、渋滞はひどかったものの、サービスエリアで一休みする人たちの顔は、どこかすがすがしく、むしろ満足げであった。流星群のほうも、あまり期待したほどではなかったものの、国立天文台には流星の数が少なかったという苦情の電話は少なく、むしろ星の美しさに感動した、あるいは久しぶりに星空を眺めて満足したという声が寄せられた。新聞の投書欄にも「家族で満天の星を見た」「星空のもと、娘と何年ぶりかで話ができた」「マンションの隣人とはじめて言葉をかわした」といった体験談がいくつか紹介された。

その意味で、しし座流星群は単なるきっかけにすぎなかったのかもしれない。星を眺める機会にとぼしくなっている現代人にとっては、流れ星の数などはそれほど問題ではなく、星を見ることそのもの、あるいは深夜という特殊な状況下で行動を共にする連帯感だけで、充分に満足できたのではないだろうか。

都会の空から星が見えなくなってひさしい。屋外照明の光が夜空の星をかき消してしまう「光害」は、とりわけ日本では年々深刻さを増している。文部省の調査でも、夜空いっぱいの星空をゆっくりと見たことがない子供たちが、小・中学生の3割近くにも上っている。星空は確実に身近な存在ではなくなっている。

一方、本書で紹介したように、天文学は輝く星々が何百何千光年のかなたにあることを明らかにしてきた。天体望遠鏡でのぞけば、100万光年どころか、何億光年かなたの光さえ見ることができる。そして、そこでは星の何世代にもわたる壮大なスケールの輪廻転生が繰り広げられていることが明らかになった。宇宙そのものが膨張し、有限の寿命を持っていることさえわかりつつある。その壮大な輪廻の中で、われわれ太陽が、太陽系の惑星が生まれ、その中の地球に生命が育まれた。そしてまた、宇宙のほとんどの場所が生命にとってきわめて厳しい不毛の地であり、地球は生命にとってじつに絶妙なバランスの上に立って存在しているオアシスであることが判明しつつある。

満天の星空のもと、星たちの輝きの奥にある形而上《けいじじょう》的な宇宙空間の雄大なスケールを体感する。筆者はしし座流星群の大騒動以来、これを「星空浴」と名づけている。星空が非日常の風景となった現在では、むしろ逆に星空浴の効能は大きくなっている。忙しい日々の生活に追われ、癒《い》やしを求める現代人にとっては、森林浴と同様に一服の精神的清涼剤となるからである。

さらに星空浴では、その時間を共有することで家族などとの精神的な絆《きずな》も深まる効果がある。現代の都会の子供たちは、本当の闇を知らない。国立天文台の観望会などで屋外照明のないキャンパスを歩くとき、月の明かりに驚く子供たちがなんと多いことか。光を主たる遠隔センサーに用いている人間にとって、真の闇は動物的恐怖心を惹起《じゃっき》し、子供たちはおびえ、親にすがりつく。この恐怖心を感じながら、満天の星空のもとで一晩を過ごしてみるといい。長い夜が明け、東の空が明るくなると、子供たちの恐怖心はいつのまにか親への厚い信頼感に変わっているはずである。

また、将来をになう子供たちにとって星空浴は別な意味もあるかもしれない。21世紀、地球温暖化やオゾンホールなどの環境問題を解決していくときに求められるのは、これまでの国境や行政区画にとらわれず、地球全体を一つのグローバルなシステムとしてとらえる宇宙的視点である。どんな仕事につくにせよ、これからはこういった視点を一人一人が持たなくては地球は数千年と保たれることはないだろう。そのような視点を持つためには、宇宙から地球を眺めるのが最も都合がよいが、全員が毛利さんのような宇宙飛行士になるわけにはいかない。

そこで星空浴である。地球にいながらにして宇宙を眺めることは、逆に宇宙の中の地球を見直す視点を養う契機になるはずである。その意味では、子供たちに星空を眺めてもらう機会をつくるのは、われわれ大人の義務のような気がしてならない。本書が少しでもその役に立てれば幸いである。

なお本書に掲載された美しい天体画像は、ハワイにある国立天文台すばる望遠鏡、アメリカのハッブル宇宙望遠鏡（HST）、それにチリにあるヨーロッパ南天天文台のVLT（大型望遠鏡）によって撮影されたものである。提供いただいた各機関に謝意を表したい。

最後に、本書の出版の機会を提供していただき、原稿を辛抱強く待っていただいた講談社学芸図書第一出版部の小林哲氏、本書のもとになるエッセー執筆の機会を提供していただいた共同通信社文化部の谷俊宏氏、科学技術広報財団に感謝申し上げる次第である。

２０００年２月　ハワイ島のホテルにて

講談社現代新書 1503

# 星空を歩く——巨大望遠鏡が見た宇宙

二〇〇〇年五月二〇日第一刷発行

著者——渡部潤一


発行者——野間佐和子
発行所——株式会社講談社
東京都文京区音羽二丁目一二—二一 郵便番号一一二—八〇〇一
電話 (出版部)〇三—五三九五—三五二一 (販売部)〇三—五三九五—三六二六 (製作部)〇三—五三九五—三六一五

装幀者——杉浦康平+赤崎正一

印刷所——凸版印刷株式会社 製本所——株式会社大進堂

(定価はカバーに表示してあります) Printed in Japan



N.D.C.440 246p 18cm

ISBN4-06-149503-8 (学一)

## 「講談社現代新書」の刊行にあたって

教養は万人が身をもって養い創造すべきものであって、一部の専門家の占有物として、ただ一方的に人々の手もとに配布され伝達されうるものではありません。

しかし、不幸にしてわが国の現状では、教養の重要な養いとなるべき書物は、ほとんど講壇からの天下りや単なる解説に終始し、知識技術を真剣に希求する青少年・学生・一般民衆の根本的な疑問や興味は、けっして十分に答えられ、解きほぐされ、手引きされることがありません。万人の内奥から発した真正の教養への芽ばえが、こうして放置され、むなしく滅びさる運命にゆだねられているのです。

このことは、中・高校だけで教育をおわる人々の成長をはばんでいるだけでなく、大学に進んだり、インテリと目されたりする人々の精神力の健康さえもむしばみ、わが国の文化の実質をまことに脆弱なものにしています。単なる博識以上の根強い思索力・判断力、および確かな技術にささえられた教養を必要とする日本の将来にとって、これは真剣に憂慮されなければならない事態であるといわなければなりません。

わたしたちの「講談社現代新書」は、この事態の克服を意図して計画されたものです。これによってわたしたちは、講壇からの天下りでもなく、単なる解説書でもない、もっぱら万人の魂に生ずる初発的かつ根本的な問題をとらえ、掘り起こし、手引きし、しかも最新の知識への展望を万人に確立させる書物を、新しく世の中に送り出したいと念願しています。

わたしたちは、創業以来民衆を対象とする啓蒙の仕事に専心してきた講談社にとって、これこそもっともふさわしい課題であり、伝統ある出版社としての義務でもあると考えているのです。

一九六四年四月　野間省一

Fig. 14
Fig. 25
Fig. 3

**現代新書既刊より**――生命科学の最新知見を駆使して
地球圏外生物探査の可能性に迫るのが**大島泰郎『地球外生命』**。
**黒星瑩一『宇宙論がわかる』**は、最新宇宙論のＡＢＣをじっくり解説する。
**松井孝典『地球＝誕生と進化の謎』**は、国際的な注目を浴びた気鋭の著者が
地球の過去・現在・未来を独自の視点で描く。
海外の第一線研究者が書き下ろす「生命の歴史」シリーズ、
第1弾 **S・コンウェイ・モリス『カンブリア紀の怪物たち』**は
〝進化の大爆発〟が起きたカンブリア紀の真実に迫る。
第2弾 **J・ウィリアム・ショップ『失われた化石記録』**は
生命が光合成を始めて地球に酸素が生まれた不思議を描く。
第3弾 **J・クラック『手足を持った魚たち』**は
魚類から脊椎動物へ進化し、生命が海から陸へ移動した謎を探る。

1503

マーク＝アジアの「豊穣の渦」

●わたなべ・じゅんいち
一九六〇年、福島県生まれ。東京大学大学院中退後、東京天文台を経て、現在、文部省国立天文台天文情報公開センター助教授、同広報普及室長。総合研究大学院大学助教授。理学博士。主な著書に、『しし座流星雨がやってくる』—誠文堂新光社、『新・天体カタログ』—立風書房—などがある。

星空を歩く——目次より



784061495036

920244008206

定価：本体820円（税別）